# PHYSIQUE QUANTIQUE POUR LES DÉBUTANTS

Découvrez les fondements de la mécanique quantique et la façon dont elle affecte le monde dans lequel nous vivons à travers ses théories les plus célèbres

## PIERRE ANGLOIS

# Table des matières

# Introduction

Le livre "Physique quantique pour les débutants" est un ouvrage complet qui comprend tous les détails mineurs et majeurs sur ces sujets pour ceux qui veulent approfondir leurs connaissances en physique. La physique quantique peut être définie en termes simples comme l'étude des propriétés physiques de la nature aux niveaux atomique et subatomique. Elle met en lumière l'ensemble du fonctionnement de l'univers et nous explique comment les atomes fonctionnent et comment ils se comportent entre eux dans différentes circonstances. Tout ce qui nous entoure est composé d'atomes et de molécules. La physique quantique a donc un rôle important à jouer dans notre vie.

Le livre Quantum Physics for Beginners commence par les concepts de base du sujet en décrivant son histoire. L'historique du sujet est abordé en faisant référence à tous les événements qui ont conduit au développement du domaine. Après la partie historique, le sujet suivant tourne autour des concepts de base de la physique quantique et de toutes les théories quantiques respectives afin de mieux montrer aux étudiants ce qu'ils apprendront dans le livre à un stade ultérieur.

Le livre met également en lumière les similitudes et les différences entre la physique quantique et la mécanique quantique. Les étudiants et même les enseignants peuvent parfois confondre ces termes car ils les considèrent comme un seul et même concept. Pourtant, en réalité, ces deux branches sont liées l'une à l'autre et expliquent les sujets par des références croisées. Le terme de physique quantique trouve ses racines dans la mécanique quantique, car cette dernière est plus expressive et donne plus de détails.

Il est connu jusqu'à présent que le sujet tourne autour des atomes et autres particules subatomiques. Il a donc été jugé nécessaire de commencer la discussion par des réflexions complètes sur la définition, la structure, les propriétés et le fonctionnement d'un atome. Neil Bohr a présenté un modèle atomique qui est considéré comme le fondement de la physique. Les atomes sont discutés à la lumière du modèle atomique de Bohr afin de permettre aux élèves de comprendre conceptuellement tous les termes et sujets impliqués. Une fois que le modèle atomique de Bohr est abordé, la structure atomique des différents types d'atomes est expliquée en détail.

La physique quantique ne serait pas allée aussi loin sans la théorie quantique. Cette théorie a donné au sujet le pouvoir déclencheur dont il avait tant besoin et a revêtu une importance fondamentale en physique. Vient ensuite la différence entre la physique classique et la physique quantique. La physique classique était présente bien avant son homologue.

Les problèmes et les défis de la physique classique ont été résolus et expliqués avec l'aide de la physique quantique.

Le chapitre suivant porte sur les concepts fondamentaux qui font partie de la physique quantique. Comme le titre de l'ouvrage l'indique, le livre a pour but d'éduquer les débutants ; par conséquent, toutes les théories et tous les concepts sont abordés dans le langage le plus simple en incluant tous les points clés. Les étudiants n'auront aucune difficulté à comprendre les concepts car tout est expliqué à l'aide d'exemples tirés de la vie quotidienne.

L'explication des concepts fondamentaux commence par les quanta d'énergie électromagnétique, et est suivie d'une description bien expliquée du principe d'incertitude. Le principe de superposition est également lié aux sujets mentionnés ci-dessus afin de donner aux lecteurs une chance de comprendre tous les sujets connexes en un seul endroit. Il est important de mentionner ici que ces principes sont discutés en commençant par leur origine. Le savoir-faire complet sur leur passé et la façon dont les théories ont été développées est écrit avec des références appropriées. Les étudiants peuvent également associer ces principes à des exemples de la vie quotidienne.

La théorie de l'effet photoélectrique d'Einstein et l'équation des ondes de Schrodinger sont deux des domaines les plus importants de la physique quantique. Ces principes couvrent la majeure partie du livre ainsi que les concepts connexes tels que la dualité onde-particule, l'interférence des ondes et la mécanique ondulatoire de Schrodinger. Ces concepts sont liés à des applications dans la vie quotidienne afin que les jeunes étudiants puissent avoir une meilleure compréhension conceptuelle de tous ces sujets complexes. Les exemples tirés de la vie quotidienne encouragent les élèves à réfléchir aux problèmes de physique d'une manière critique.

La dernière partie du livre traite de l'impact de la physique quantique sur notre vie quotidienne. La physique quantique facilite notre vie en plusieurs vagues. Elle a révolutionné la façon dont nous vivons et passons nos jours et nos nuits, car elle a des applications dans la plupart des industries, des machines électriques aux ordinateurs en passant par les industries médicales et manufacturières. De nombreux outils et dispositifs que nous utilisons dans notre vie fonctionnent selon les principes de la mécanique quantique. Tous ces exemples et applications sont abordés en termes clairs dans le dernier chapitre. En outre, la physique quantique est également étudiée dans ce livre en l'associant au sujet des sciences et du génie des matériaux. Il explique aux étudiants comment les matériaux modernes innovants suivent les propriétés décrites par la physique quantique.

Ce serait une véritable injustice envers la physique quantique si les connaissances sur les ordinateurs quantiques n'étaient pas présentées aux étudiants. Les ordinateurs quantiques ont révolutionné nos vies, et tout cela est dû aux concepts et principes de la physique quantique. Le livre se termine par la partie applications et signification, et les étudiants qui termineront le livre avec un apprentissage précis comprendront tous les sujets fondamentaux de la physique quantique.

# Introduction à la physique quantique

**1**.1 Qu'est-ce que la physique quantique ?

La physique quantique est une subdivision de la physique qui étudie le comportement de la matière et de la lumière aux niveaux atomique et subatomique. Elle tente de clarifier et de catégoriser les propriétés des molécules, des atomes et de leurs composants, tels que les électrons, les protons, les neutrons et d'autres particules, notamment les quarks et les gluons. Les interactions des particules avec le rayonnement électromagnétique et entre elles font partie de ces propriétés.

En termes simples, la physique quantique est l'étude de la matière et de l'énergie. L'énergie se présente sous forme de paquets indivisibles appelés quanta est un principe fondamental de la physique quantique. Les quanta agissent différemment de la matière macroscopique : les particules peuvent imiter les ondes et les ondes peuvent imiter les particules.

Le comportement de la matière et des rayonnements au niveau atomique est souvent étrange, et les implications de la théorie quantique sont souvent difficiles à comprendre et à croire. Ses idées se heurtent souvent aux idées de bon sens issues des observations de la vie quotidienne. Cependant, rien ne permet d'expliquer pourquoi le comportement du monde atomique devrait être identifié à celui du monde en général. La mécanique quantique est une branche de la physique et le but de la physique est d'expliquer comment le monde fonctionne.

La mécanique quantique est intrigante pour de nombreuses raisons. Tout d'abord, elle révèle les fondements de la méthodologie de la physique. Ensuite, elle a continuellement généré des résultats précis dans pratiquement tous les cas auxquels elle a été appliquée.

1.2 Qu'est-ce que la théorie quantique ?

La théorie quantique est le fondement de la physique moderne. Elle explique l'origine et le comportement de la matière et de l'énergie aux niveaux atomique et subatomique. La physique quantique et la mécanique quantique sont des termes utilisés pour illustrer l'origine et le comportement de la matière et de l'énergie à ce niveau.

Max Planck, un physicien, a proposé sa théorie quantique à la Société allemande de physique en 1900. Planck a essayé d'expliquer pourquoi le rougeoiement du rayonnement d'un corps incandescent varie du rouge au bleu et à l'orange en fonction de l'augmentation de sa température. Il a découvert la réponse à sa question en supposant que l'énergie existait en unités individuelles de la même manière que la matière. C'était contraire au concept précédemment accepté.

C'était facile pour une révélation qui renversait les idées d'Isaac Newton sur l'origine de la lumière. Il a conçu une expérience simple mais élégante pour révéler l'existence ondulatoire de la lumière, désapprouvant ainsi l'hypothèse de Newton selon laquelle la lumière est constituée de particules.

Pour caractériser ces unités individuelles d'énergie, Planck conçoit une équation mathématique impliquant un chiffre, qu'il appelle quanta. Planck a découvert qu'à certaines plages de température discrètes (multiples exacts d'une simple valeur minimale), l'énergie d'un corps rayonnant occuperait diverses zones de la bande de couleur, comme le décrit l'équation. Planck pensait que l'observation des quanta donnerait lieu à une théorie, mais leur apparition même impliquait une interprétation nouvelle et élémentaire des lois de la nature. En 1918, le prix Nobel de physique a été décerné à Planck pour sa théorie.

Le développement de la théorie des quanta Planck avait prévu que l'énergie était constituée d'unités individuelles, ou quanta. Cette théorie a été annoncée en 1900. Albert Einstein a proposé en 1905 que non seulement l'énergie mais aussi le rayonnement étaient quantifiés de la même manière. Louis de Broglie a suggéré en 1924 qu'il n'y a pas de dissemblance élémentaire dans la constitution et l'action de l'énergie et de la matière ; toutes deux peuvent se comporter comme si elles étaient composées de particules ou d'ondes aux niveaux atomique et subatomique. Cette théorie est connue sous le nom de concept de dualité onde-particule, selon lequel les particules élémentaires d'énergie et de matière se comportent comme des particules ou des ondes selon les conditions. Werner Heisenberg a suggéré en 1927 que la mesure précise et immédiate de deux valeurs complémentaires - telles que la position et l'impulsion d'une particule subatomique - est impossible. Leur calcul simultané est intrinsèquement défectueux par rapport aux concepts de la physique classique. On s'en est aperçu en calculant la valeur avec plus de précision. Le principe d'incertitude est né de cette théorie.

1.3 L'origine de la physique quantique À la fin du XIXe siècle, les scientifiques avaient réuni une vaste compréhension du comportement de la lumière et de la matière, mais elle était presque observationnelle. Elle était basée sur des observations plutôt que sur une théorie.

La relation entre la couleur d'un corps noir et sa température était inconnue jusqu'à cette époque. Personne ne comprenait comment les lignes spectrales étaient produites ou comment la lumière pouvait traverser l'espace sous forme de particule ou d'onde. Jusqu'à cette époque, le besoin d'une nouvelle discipline capable de répondre à tous ces problèmes se faisait sentir.

La signification réelle de la matière restait tout aussi énigmatique. Personne ne savait pourquoi divers éléments avaient des propriétés périodiques, ni ce qui provoquait la fluorescence et le rayonnement, ni l'identité des particules générées par les éléments radioactifs. Les problèmes ne cessaient d'augmenter, et les questions se posaient à nouveau.

Au XXe siècle, on a découvert que nombre d'entre elles s'appliquaient à la mécanique quantique - un ensemble moderne de lois physiques qui, auparavant, ne concernaient que le monde microscopique. La mécanique quantique a révolutionné notre vision de l'univers en représentant que les petits objets se comportent d'une manière qui défie le sens commun.

Ceux qui ont été les premiers à observer ce comportement l'ont trouvé profondément alarmant, et les implications de la mécanique quantique continuent de surprendre. La super-fluidité en est probablement l'exemple le plus apparent, où l'eau remonte le long des parois verticales et s'échappe de leur réservoir. La mécanique quantique a tant de ramifications métaphysiques qu'elles ne sont toujours pas comprises.

Malgré leur particularité, les prédictions exclusives de la mécanique quantique n'ont jamais été démenties. En réalité, la théorie a été utilisée pour expliquer un large éventail de phénomènes, notamment le comportement de toutes les particules subatomiques connues et toutes les forces, à l'exception de la gravité.

Elle a également été utilisée en chimie et en biologie pour illustrer la façon dont notre cerveau interprète diverses odeurs et le fonctionnement de la photosynthèse. La plupart des technologies modernes, y compris les transistors, les micropuces et les lasers, sont basées sur la mécanique quantique. La théorie quantique de la physique moderne a vu le jour lorsque le physicien allemand Max Planck a lancé son analyse révolutionnaire du résultat du rayonnement sur un corps noir.

Planck a montré que l'énergie pouvait prendre le caractère de la matière physique, parfois grâce à des expériences physiques.

Selon la théorie de Planck, l'énergie rayonnante est constituée de composants qui ressemblent à des particules appelées "quanta". Elle a permis de clarifier des phénomènes innés jusque-là inconnus, comme l'action de la chaleur sur les solides. Planck a reçu le prix Nobel en 1918.

D'autres chercheurs, dont Niel Bohr, De Broglie, Albert

Einstein, Paul Mirac, Niels Bohr et Erwin Schrodinger, ont repris la théorie de Planck et ont ouvert la voie à la progression de la mécanique quantique. Contrairement à la mécanique classique, la mécanique quantique adopte une vision de l'existence et suppose que toutes les propriétés précises des différents objets sont calculables en théorie. La physique moderne est fondée sur la synthèse de la mécanique quantique et de la théorie de la relativité d'Einstein.

1.4 La relation entre la physique quantique et la mécanique quantique L'apprentissage des particules subatomiques est appelé "mécanique quantique" ou "physique quantique". Cependant, le terme "mécanique quantique" est plus expressif. C'est le nom donné au domaine après qu'il ait été réduit à des lois mathématiques. Il a ensuite évolué vers un type de mécanique. Le domaine était connu sous le nom de "théorie quantique" ou de "physique quantique" avant l'organisation des lois mathématiques régissant les particules subatomiques. Le mot "quantum" dans "physique quantique" trouve ses racines dans la mécanique quantique.

La distinction entre les deux est purement historique. Niels Bohr a recommandé la première théorie de la mécanique quantique pour l'atome d'hydrogène. La mécanique quantique de Heisenberg et Schroedinger l'a remplacée en quelques années. La théorie de Bohr est connue sous le nom de théorie quantique, et le domaine scientifique qui lui a succédé est connu sous le nom de mécanique quantique. Comme la mécanique newtonienne a marqué le début de l'ère de la progression scientifique en physique et en mathématiques, la physique est souvent appelée "mécanique".

Pour être précis, il n'y avait pas de différence entre les deux dans les premières années, car l'électricité et le magnétisme, et le reste de la physique d'aujourd'hui, n'avaient pas encore été étudiés de manière quantitative. Généralement, le terme "mécanique" fait référence à des systèmes classiques tels que la statique et la dynamique des particules, les fluides et les corps rigides, ainsi qu'aux reformulations mathématiques de leurs lois.

Lorsque les physiciens ont révélé que ces particules ne se conformaient pas aux lois de la mécanique classique, ils ont inventé le terme "théorie quantique". Les premiers physiciens ont conçu des règles quantiques essentiellement théoriques plutôt que mathématiques.

1.5 La structure atomique et le modèle atomique de Bohr La plus petite unité de matière, l'atome, conserve toutes les propriétés chimiques d'un élément. Les atomes s'unissent pour former des molécules, qui interagissent pour former des solides, des gaz et des liquides. L'eau est formée d'une combinaison d'atomes d'hydrogène et d'oxygène qui se sont liés pour former des molécules d'eau. De nombreux processus organiques sont consacrés au démantèlement des molécules en leurs atomes constitutifs et à leur réassemblage en une molécule plus utile.

La structure atomique est la disposition d'un atome qui se compose d'un noyau (le centre), de protons (chargés positivement) et de neutrons (neutres). Les électrons sont des particules chargées négativement et tournent autour du noyau.

Les origines de la structure atomique et de la mécanique quantique remontent à Démocrite, le premier à proposer que la matière est constituée d'atomes. L'analyse de la structure d'un atome fournit une foule d'informations sur les réactions chimiques, les liaisons et leurs propriétés physiques. Dans les années 1800, John Dalton a proposé la première théorie empirique de la structure atomique.

La composition du noyau d'un élément et la répartition des électrons autour de celui-ci s'appellent sa structure atomique. Les protons, les électrons et les neutrons sont les éléments constitutifs de la structure atomique de la matière.

Le noyau de l'atome est composé de protons et de neutrons, qui sont entourés par les électrons de l'atome. Le numéro atomique définit le nombre total de protons dans le noyau d'un élément. Les protons et les électrons sont en nombre similaire dans les atomes neutres. Mais les atomes peuvent gagner ou perdre des électrons pour améliorer leur stabilité, et l'objet chargé qui en résulte est appelé ion.

Comme les différents éléments ont des nombres différents de protons et d'électrons, leurs structures atomiques varient. C'est pourquoi les différents éléments ont des caractéristiques différentes.

Le modèle atomique de Bohr En 1915, Niels Bohr a proposé le modèle de Bohr de l'atome. Certains associent le modèle de Bohr au modèle Rutherford-Bohr, car il s'agit d'une variation du modèle précédent de Rutherford.

La mécanique quantique est à la base du modèle de l'atome d'aujourd'hui. Le modèle de Bohr est remarquable car il explique la plupart des caractéristiques établies de la théorie atomique, sans les mathématiques avancées que la version moderne requiert. Contrairement aux versions précédentes, le modèle de Bohr clarifie la formule de Rydberg pour les lignes spectrales de l'hydrogène atomique.

Dans le modèle de Bohr, les électrons chargés négativement tournent autour d'un petit noyau chargé positivement, tout comme les planètes autour du soleil. La force gravitationnelle du système solaire est exactement égale à la force de Coulomb entre les noyaux chargés positivement et les électrons chargés négativement.

Pour démontrer le processus du mouvement des électrons sur des orbites stables tournant autour du noyau, Bohr a proposé son modèle d'enveloppe quantifiée de l'atome en 1913. Le mouvement des électrons du modèle de Rutherford était déséquilibré car, selon la théorie électromagnétique et la mécanique classique, toute particule électrique se déplaçant le long d'un chemin incurvé émet un rayonnement électromagnétique. Par conséquent, les électrons pourraient céder de l'énergie et retourner dans le noyau. Pour résoudre le problème de la stabilité, Bohr a actualisé le modèle de Rutherford en affirmant que les électrons voyagent sur des orbites énergétiques de taille fixe.

La vivacité d'un électron est relative à la dimension de l'orbite, les orbites plus petites ayant une énergie plus faible. Ce n'est que lorsqu'un électron saute d'une trajectoire à une autre que le rayonnement se produit. Puisqu'il n'y a pas d'orbites de plus faible énergie dans lesquelles l'électron peut sauter, l'atome serait stable dans l'état avec la plus petite orbite.

Cependant, Bohr a découvert que la constante quantique proposée par le physicien allemand Max Planck a des dimensions qui peuvent donner une mesure de longueur significative

lorsqu'elle est combinée avec la masse et la charge dc l'électron. La mesure est similaire à la dimension identifiée des
atomes en termes de nombres. Cela a inspiré Bohr à utiliser la
constante de Planck dans sa quête d'une théorie de l'atome.

Dans une équation mathématique décrivant le rayonnement lumineux produit par des corps chauffés, Planck a introduit sa constante en 1900. Planck a proposé que l'énergie ne
pouvait être libérée ou consommée que dans des quantités
distinctes appelées quanta. Une nouvelle constante fondamentale, h, relie le quantum d'énergie à la fréquence de la lumière.

Si un corps est chaud, l'énergie rayonnante dans une
certaine gamme de fréquences est proportionnelle à la température du corps, conformément à la théorie classique. Cependant, selon la théorie de Planck, le rayonnement ne peut se
produire qu'en quantités quantiques d'énergie. La somme de
lumière dans cette gamme de fréquences sera diminuée si
l'énergie rayonnante est inférieure au quantum d'énergie. La
formule de Planck décrit précisément le rayonnement des
corps chauffés.

Bohr a estimé les niveaux d'énergie de l'atome d'hydrogène
en utilisant la constante de Planck. Il a proposé que le moment
angulaire de l'électron soit quantifié. Cela signifie qu'il ne peut
avoir que des valeurs discrètes. Sinon, les électrons suivraient
les lois de la mécanique classique et graviteraient autour du
noyau sur des orbites circulaires. Les orbites des électrons ont
des tailles et des énergies fixes en raison de la quantification.
Un nombre entier n (nombre quantique) est utilisé pour
marquer les orbites.

Postulats du modèle de l'atome de Bohr - Les électrons,

chargés négativement et présents dans un atome, orbitent autour du noyau chargé positivement dans une direction circulaire définie.

- Les orbites circulaires dans lesquelles se déplacent les électrons sont appelées coquilles orbitales car chaque orbite ou coquille a une énergie fixe.

- Le nombre quantique est un nombre entier (n=1, 2, 3) représentant les niveaux d'énergie. Ce tableau de nombres quantiques commence du côté du noyau, avec n=1 ayant le niveau d'énergie le plus bas. Les coquilles K, L, M, N.... sont attribuées aux orbites n=1, 2, 3, 4..., et on suppose qu'un électron est dans l'état fondamental lorsqu'il atteint le niveau d'énergie le plus bas.

- Dans un atome, un électron gagne de l'énergie pour passer d'un niveau d'énergie inférieur à un niveau d'énergie supérieur, et un électron perd de l'énergie pour passer d'un niveau d'énergie supérieur à un niveau d'énergie inférieur.

Bohr et les atomes plus lourds Le noyau des atomes plus lourds possède plus de protons que le noyau des atomes d'hydrogène. Afin d'éliminer la charge positive de ces protons, il fallait davantage d'électrons. L'orbite de chaque électron, selon Bohr, ne peut contenir qu'un ensemble défini d'électrons. Les électrons supplémentaires passent au niveau suivant jusqu'à ce que le niveau soit complet. Pour les atomes plus lourds, le modèle de Bohr a caractérisé les coquilles électroniques. Le modèle a permis de clarifier certaines propriétés atomiques jusque-là non reproduites de ces atomes comparativement lourds. Par exemple, le modèle de la coquille a démontré pourquoi, bien qu'ils aient plus de protons et d'électrons, les atomes deviennent plus petits au fur et à mesure qu'ils se déplacent dans le temps (rangée) du tableau périodique. Il a également permis de comprendre pourquoi les gaz nobles sont inertes et pourquoi les atomes situés à gauche du tableau périodique capturent des électrons alors que ceux situés à droite en perdent. Cependant, le modèle supposait que les électrons dans les coquilles n'interagissaient pas entre eux, ce qui ne permettait pas d'expliquer pourquoi les électrons semblaient s'empiler selon un schéma inhabituel.

Problèmes du modèle de Bohr - Comme il considère que les électrons ont à la fois un rayon et une orbite connus, il enfreint le principe d'incertitude d'Heisenberg.

- Le modèle de Bohr donne une valeur erronée pour le moment angulaire de l'état fondamental.

- Il ne permet pas de prédire les lignes spectrales des atomes les plus gros.

- Les intensités comparées des lignes spectrales ne sont pas prédites.

- Les structures fines et hyperfines des raies spectrales ne sont pas expliquées par le modèle de Bohr.

- Il ne tient pas compte de l'effet Zeeman.

Corrections et optimisations du modèle de Bohr Le modèle de Sommerfeld, également connu sous le nom de modèle de Bohr-Sommerfeld, est le raffinement le plus notable du modèle de Bohr. Dans ce modèle, les électrons orbitent autour du noyau sur des orbites elliptiques plutôt que circulaires. Le modèle de Sommerfeld décrit mieux les effets spectraux atomiques, comme l'effet Stark de la division des raies spectrales. Le nombre quantique magnétique, au contraire, n'était pas pris en compte par le modèle.

En 1925, le modèle de Bohr et d'autres modèles basés sur celui-ci ont été remplacés par le modèle de Wolfgang Pauli, basé sur la mécanique quantique. Le modèle contemporain, lancé par Erwin Schrodinger en 1926, a été développé à partir de ce modèle. Aujourd'hui, la mécanique ondulatoire est utilisée pour caractériser les orbitales atomiques afin de comprendre l'action de l'atome d'hydrogène.

1.6 Le modèle quantique de l'atome Le physicien Erwin Schrödinger a utilisé la dualité onde-particule de l'électron pour instituer et résoudre une équation arithmétique composite qui explique précisément l'action de l'électron présent dans un atome d'hydrogène en 1926. La solution de l'équation de Schrödinger a donné naissance au modèle quantique de l'atome. Pour résoudre l'équation, les énergies des électrons doivent être quantifiées. Contrairement au modèle de Bohr, la quantification était supposée sans fondement numérique.

Rappelez-vous que la trajectoire exacte de l'électron dans le modèle de Bohr était limitée à des trajectoires circulaires très définies autour du noyau. Le modèle quantique s'oppose complètement à cela. Les fonctions d'onde, qui sont les corrections de l'équation d'onde de Schrödinger, ne donnent que la probabilité d'avoir un électron à une position connue autour du noyau. Les électrons ne volent pas sur des orbites circulaires de base autour du noyau.

Un nuage d'électrons est une expression utilisée pour expliquer la position des électrons dans un modèle quantique de l'atome. Le nuage d'électrons peut être conceptualisé :

Imaginez un papier carré à quatre côtés avec un point noir foncé au centre montrant le noyau à la surface. Prenez un marqueur et faites-le tomber à plusieurs reprises sur la page, en laissant de minuscules marques à chaque endroit où le marqueur se pose. Le motif général des points sera à peu près circulaire si vous laissez tomber le marqueur plusieurs fois. Si vous vous dirigez assez bien vers le centre, vous verrez plus de points près du noyau et moins de points à mesure que vous vous en éloignez. Chaque point correspond à un emplacement possible pour l'électron. La densité d'un nuage d'électrons varie, avec une densité élevée où les chances de présence d'un électron sont plus grandes et une densité faible où les chances de trouver un électron sont les plus faibles.

Pour élaborer la figure du nuage, il est courant de se référer à la section de l'espace dans laquelle l'électron a 90% de chances d'être trouvé. L'équation d'onde de Schrödinger et sa solution sont les fondements de la mécanique quantique. Les coquilles, sous-coquilles et orbitales émergent de la solution de l'équation d'onde.

L'équation de Schrödinger est difficile à appliquer aux atomes à plusieurs électrons, car l'équation d'onde de Schrödinger ne peut être résolue exactement pour un atome à plusieurs électrons.

Le phénomène de mécanique quantique d'un atome a été créé après l'utilisation de l'équation d'onde de Schrödinger pour déterminer la structure d'un atome. L'énergie d'un électron est quantifiée, ce qui signifie qu'elle ne peut avoir que des valeurs d'énergie spécifiques.

La solution autorisée de l'équation d'onde de Schrödinger est l'énergie quantifiée d'un électron, qui est le produit des propriétés ondulatoires de l'électron. Selon le théorème d'incertitude d'Heisenberg, la position et la quantité de mouvement exactes d'un électron ne peuvent être déterminées.

La fonction d'onde ($\psi$) d'un électron dans un atome s'appelle une orbitale atomique. Un électron occupe une orbitale atomique chaque fois qu'une fonction d'onde le représente. Il existe également des orbitales atomiques pour un électron, et celui-ci peut avoir de nombreuses fonctions d'onde. Chaque fonction d'onde ou orbitale atomique a une forme et une énergie particulières. La fonction d'onde orbitale d'un atome stocke les informations relatives à l'électron dans l'atome, et la mécanique quantique permet d'extraire ces informations.

La probabilité d'avoir un électron en un point particulier de l'atome est proportionnelle au carré de la fonction d'onde (orbitale) à cet endroit, c'est-à-dire $|\psi|2$. La densité de probabilité est toujours positive et est connue sous le nom de $|\psi|2$.

Le modèle de Bohr et le modèle quantique sont les deux modèles de structure atomique utilisés. Le modèle quantique est mathématiquement dépendant. Il est utilisé pour décrire des réalisations faites sur des atomes à multiples facettes tout en étant plus difficile à comprendre que le modèle de Bohr.

Le modèle quantique trouve ses racines dans la théorie quantique, qui stipule que la matière a des propriétés ondulatoires. Selon la théorie quantique, il est peu probable de connaître simultanément l'emplacement exact et la quantité de mouvement d'un électron. C'est ce que l'on appelle le principe d'incertitude d'Heisenberg.

Le modèle mécanique quantique de l'atome fait appel à des formes multiples d'orbitales (également appelées nuages d'électrons). En définitive, ce modèle est basé sur la probabilité plutôt que sur la certitude.

1.7 Comment la physique a-t-elle été révolutionnée par l'ajout de la théorie quantique ?

La mécanique quantique a prédisposé le progrès d'un large éventail de disciplines physiques.

Proposée pour la première fois en 1925, elle n'a cessé depuis de gagner en notoriété et d'étendre sa sphère d'influence. Depuis lors, elle est devenue la voix de la physique, et quiconque cherche à comprendre les concepts fondamentaux de la physique sans maîtriser d'abord ce sujet périra dans le gouffre de l'ignorance.

Les défis de la physique classique Si nous regardons l'histoire, nous constatons que la physique classique a connu des moments difficiles dans la première partie du vingtième siècle. La seule approche permettant de comprendre la polarisation, la diffraction et l'interférence était de considérer que la lumière était une onde. Cependant, certains phénomènes défiaient le principe ondulatoire du rayonnement électromagnétique, comme le rayonnement d'un corps noir, la diffusion de Compton et l'effet photoélectrique. Planck a clarifié le spectre de rayonnement du corps noir en supposant que les atomes des parois du corps noir servent d'oscillateurs harmoniques.

Einstein et Compton ont expliqué les deux phénomènes résiduels en prévoyant que le rayonnement, plus précisément la lumière, est composé de photons, chacun ayant l'énergie h. Par conséquent, la lumière a une nature double, affichant un comportement ondulatoire et un comportement particulaire à d'autres moments. Cet élargissement d'une définition pour inclure de nouveaux domaines est une chose qui a toujours existé en physique. Newton a démontré que les lois de la mécanique ont la même configuration dans tous les cadres d'orientation.

Einstein, dont le génie dans l'histoire des sciences est

presque sans égal au vingtième siècle, a élargi ce concept en exigeant que les lois de la physique aient la même forme dans tous les cadres d'orientation inertiels. Il s'agit de l'un des deux postulats fondamentaux de la relativité restreinte. Toutefois, il est essentiel de noter que Newton ne l'a suggéré qu'en tant que fonction de la deuxième loi du mouvement, tandis qu'Einstein l'a qualifié de condition de la validité de toute loi physique.

L'effet photoélectrique Hertz a exposé l'effet photoélectrique en 1887, qui consiste en la libération d'électrons par un métal lorsque la lumière le frappe. La spécificité ultérieure de ce résultat a été découverte par des expériences. Lorsque la lumière frappe une pièce métallique dans le vide, la fréquence de la lumière entrante se règle sur la libération d'électrons. La fréquence à laquelle cette entrée est atteinte varie d'un métal à l'autre. La puissance de la source lumineuse n'affecte pas la libération d'électrons ni l'énergie des électrons libérés, appelés photoélectrons.

Aucune des propriétés mentionnées ci-dessus ne pouvait être expliquée à l'aide du concept classique de rayonnement électromagnétique. Einstein mérite d'être reconnu pour avoir trouvé une solution à ce problème, car il a affiné et élargi les concepts utilisés par Planck pour décrire le spectre de rayonnement du corps noir en 1905, en partant du principe que "la lumière est constituée de quanta d'énergie appelés photons". L'énergie d'un électron augmente de h lorsqu'un photon solitaire est absorbé par celui-ci. Cette énergie est utilisée en partie pour extraire l'électron du métal. La vitesse de l'électron et son énergie cinétique augmentent à mesure que l'énergie restante lui est communiquée. $hv = E + \frac{1}{2} mv^2$ L'idée que la lumière est constituée de photons explique les qualités de cet effet. Selon la formule susmentionnée, si l'énergie du photon incident est moindre par rapport à la fonction de travail, les électrons ne seront pas inaccessibles à la surface du métal et ne seront donc pas illimités. Il est également compréhensible qu'une source lumineuse plus intense entraîne une libération plus rapide des photons, ce qui se traduit par un courant électronique plus fort. En utilisant l'existence quantique de la lumière, Einstein a fourni une image satisfaisante de l'effet photoélectrique.

La supposition même qu'Einstein a formulée au sujet de l'énergie du photon reflète de manière frappante la double existence de la lumière. L'existence ondulatoire de la lumière détermine la fréquence, qui est utilisée pour décrire l'énergie des particules qui composent la lumière.

1.8 Différence entre la physique classique et la physique quantique La physique classique est fondamentale ; connaître l'ensemble du passé vous aide à anticiper l'avenir. De même, disposer de toutes les informations sur le futur permet de calculer précisément le passé.

En mécanique quantique, les objets ne sont ni des particules ni des ondes ; ils sont tout ce qui se trouve entre les deux.

La matière est une curieuse combinaison des deux. Nous ne pouvons faire des estimations probables du futur que si nous disposons d'informations complètes sur le passé.

En physique classique, deux grenades dont les fusibles sont similaires exploseront à un moment identique. Deux atomes radioactifs indiscernables peuvent et vont généralement exploser à des moments très différents, selon la physique quantique. En dépit de leur ressemblance statistique, deux atomes d'uranium 238 indiscernables connaîtront une désintégration radioactive séparée par des milliards d'années.

Les physiciens utilisent également une loi pour différencier la physique classique de la physique quantique. C'est de la physique quantique si la constante de Planck donne l'idée dans les équations. Si ce n'est pas le cas, il s'agit de physique classique.

Même si de nombreuses caractéristiques restent à découvrir, la plupart des physiciens s'accordent à dire que la physique quantique est la théorie exacte. Dans le cas où les propriétés quantiques ne sont pas divulguées, la physique classique peut être déduite de la physique quantique. La théorie de la correspondance fait référence à cette vérité.

La physique quantique est la science la plus récente qui a remplacé la physique classique. D'un côté, nous avons l'image newtonienne d'un monde réglé comme une horloge. Toute la vie corporelle est une énorme machine qui avance par impulsions dans le temps, modifiant sa conformation probablement selon des règles déterministes. Newton a imaginé son dieu comme un arithméticien qui a formé l'univers à partir de rudiments physiques et les a mis en mouvement à l'aide de quelques rubriques mathématiques rudimentaires. Ces rubriques sont principalement responsables de l'imprécision et de la multiplicité de la nature. De même, tous les mécanismes, aussi complexes soient-ils, peuvent être élucidés à l'aide de ces règles de base.

De l'autre côté, il y a l'univers quantique, qui ressemble davantage à une machine à sous qu'à une horloge depuis notre plate-forme d'observation. Nous considérons que les équipements du monde quantique sont probabilistes.

Le soulèvement quantique, en réalité, va bien au-delà, intégrant juste la probabilité comme une fonction importante. Elle remplace l'horloge newtonienne par un système étranger basé sur des mathématiques beaucoup plus progressives. La révolution quantique montre que la vision classique est erronée.

# Principes fondamentaux de la physique quantique

**2**.1 Les quanta d'énergie électromagnétique

La physique définit le rayonnement électromagnétique (REM) comme des ondes de champ électromagnétique qui peuvent être des photons ou des quanta se propageant dans l'espace et emportant l'énergie rayonnante du REM. Les micro-ondes, les rayons ultraviolets, les ondes radio, la lumière visible, les rayons gamma et les rayons X sont des exemples de rayonnement électromagnétique.

Le rayonnement électromagnétique est constitué de vibrations harmonisées de champs électriques et magnétiques appelées ondes électromagnétiques. Les ondes EM ont une vitesse juste équivalente à celle de la lumière dans le vide, généralement abrégée en c. Les vibrations des deux champs forment une onde transversale dans des milieux harmonisés et isotropes puisqu'elles sont perpendiculaires l'une à l'autre et au cours de la diffusion de l'énergie et des ondes. Une sphère est le front d'onde des ondes EM générées par une source unique, comme dans une ampoule électrique. La fréquence d'oscillation ou la longueur d'onde d'une onde EM peut établir son emplacement dans le spectre EM. Comme ces ondes de fréquences différentes ont des origines et des implications différentes, on leur donne des noms différents.

Les particules excitées électriquement qui subissent une accélération produisent des ondes électromagnétiques, qui peuvent gêner d'autres particules excitées et exercer une force sur elles. Les ondes électromagnétiques prennent de l'élan, de l'énergie et du moment angulaire à une grande distance de leur particule ressource et les transmettent à la matière avec laquelle elles entrent en contact. Puisqu'elles se sont éloignées des charges en mouvement qui les ont créées, le rayonnement électromagnétique est lié à ces ondes électromagnétiques libres de se propager sans le résultat durable des charges en mouvement qui les ont produites.

Selon la mécanique quantique, le rayonnement électromagnétique comprend des photons, qui sont des particules non chargées sans masse au repos et qui constituent les quanta du champ électromagnétique, responsables de toutes les interactions électromagnétiques.

Cette hypothèse décrit comment les radiations électromagnétiques interagissent avec la matière au niveau atomique.

L'énergie totale d'un photon unique est quantifiée, et les photons de fréquence élevée ont une plus grande énergie. L'équation de Planck, $E = hf$, décrit cette relation, où $E$ représente l'énergie d'un photon, $f$ la fréquence du photon et $h$ la constante de Planck. Par exemple, un photon de rayons gamma pourrait avoir environ 100 000 fractions de plus que l'énergie d'un seul photon de lumière visible.

La puissance du rayonnement et la fréquence déterminent les implications des CEM sur les organismes biologiques et les composés chimiques. Étant donné que les photons ont trop peu d'énergie pour ioniser les molécules ou les atomes ou pour rompre les liaisons chimiques, les CEM de fréquence visible ou plus faible comme l'infrarouge, la lumière visible, les ondes radio et les micro-ondes sont appelés rayonnements non ionisants. Les effets de chauffage dus au transport d'énergie croissante de plusieurs photons affectent les implications de ces rayonnements sur les structures chimiques. En revanche, les rayonnements ionisants sont expliqués comme des rayons à haute fréquence, car les photons indépendants de fréquence élevée ont une énergie suffisante pour ioniser les molécules ou rompre les liaisons chimiques.

Le rayonnement électromagnétique est l'énergie qui se propage sous forme d'ondes électromagnétiques, telles que les ondes radio, la lumière visible et les rayons gamma, dans l'espace libre ou dans un milieu matériel. Le mot comprend également l'émission et la transmission de cette forme d'énergie rayonnante.

James Maxwell, écossais de nationalité et physicien de profession, a été le premier à prévoir les ondes électromagnétiques. Il a anticipé sa théorie électromagnétique en 1864, affirmant que la lumière, ainsi que d'autres sources d'énergie rayonnante, est une interférence électromagnétique sous forme d'ondes. Heinrich Hertz, un physicien allemand, a offert une confirmation expérimentale en 1887 lorsqu'il a formé les premières ondes électromagnétiques d'origine humaine et étudié leurs propriétés. Dans l'étude suivante, nous comprenons maintenant la suite et les origines de l'énergie rayonnante.

Il a été démontré que les champs électriques variables dans le temps peuvent produire des champs magnétiques et que les champs magnétiques variables dans le temps peuvent produire des champs électriques de la même manière. Comme ces champs électriques et magnétiques sont produits réciproquement, ils ont lieu simultanément et circulent sous forme d'ondes électromagnétiques. Une onde électromagnétique est une onde oblique puisque les champs électriques et magnétiques sont à angle droit. Les ondes EM se déplacent à la même vitesse dans l'espace libre, quelle que soit la vitesse de la source ou d'un observateur.

Les propriétés du rayonnement électromagnétique sont comparables à celles des autres ondes, comme la diffraction, la réfraction, la réflexion et l'interférence. Il peut également être classé en fonction de la fréquence à laquelle il fluctue dans le temps ou de sa longueur d'onde. Le rayonnement électromagnétique possède des qualités de particule en plus des propriétés d'onde. Il est quantifié, de sorte que l'énergie d'une fréquence donnée est égale à un nombre entier multiplié par h, où h est connue comme la constante de Planck et est une constante fondamentale de la nature. Un photon est un quantum d'énergie EM. L'énergie du photon est toujours directement proportionnelle à la longueur d'onde, de sorte que la lumière observable et les autres sources de rayonnement électromagnétique peuvent être considérées comme un flux de photons.

Le spectre EM montre que le rayonnement électromagnétique couvre une énorme diversité de fréquences ou de longueurs d'onde. La lumière visible, les micro-ondes, les ondes radio, les rayons infrarouges, les rayons gamma, la lumière ultraviolette et les rayons X sont quelques champs utilisés pour le décrire. Les échelles de fréquence et de longueur d'onde sont logarithmiques, et les longueurs d'onde équivalentes sont inversement proportionnelles.

Les diverses fréquences du rayonnement électromagnétique interagissent avec la matière de manière différente. Le seul milieu transparent est le vide, et tous les milieux matériels absorbent fortement certaines parties du spectre électromagnétique. Par exemple, les rayons infrarouges de toutes les fréquences traversent l'oxygène moléculaire ($O2$), l'ozone ($O3$) et l'azote moléculaire ($N2$) de l'atmosphère terrestre, mais les rayons X, la lumière ultraviolette et les rayons gamma sont fortement absorbés.

Comme les rayons X ont une fréquence bien supérieure à celle de la lumière visible, ils peuvent traverser de nombreux matériaux qui ne laissent pas passer la lumière. De plus, l'assimilation des rayons X par un système moléculaire peut aboutir à des réactions chimiques. Lorsque les rayons X sont absorbés par un gaz, des photoélectrons sont chassés, ce qui ionise les molécules de gaz concernées. Lorsque ces processus se produisent dans un tissu vivant, les photoélectrons des molécules naturelles détruisent les cellules du tissu. Les rayons gamma ont également une nature comparable à celle des rayons X, bien que leur fréquence soit un peu plus élevée. L'énergie des rayons gamma étant absorbée par la matière, le résultat est approximativement le même que celui des rayons X.

La théorie des ondes EM avait enfin gagné après un long

combat. La théorie du rayonnement EM de Hertz-Maxwell-Faraday cherchait à expliquer les phénomènes de la lumière, de l'électricité et du magnétisme. La compréhension de ces phénomènes a permis aux scientifiques de générer des ondes électromagnétiques de plusieurs fréquences différentes jamais vues auparavant, ouvrant ainsi un nouveau monde de probabilités. Personne ne croyait que les concepts fondamentaux de la physique étaient sur le point d'être révolutionnés une fois de plus.

Les CEM proviennent d'une série de sources naturelles et artificielles. Les ondes radio sont produites par des objets de l'espace comme les pulsars et les circuits électroniques. Les lampes à vapeur de mercure et les éclairages à haute intensité, ainsi que le soleil, sont à l'origine du rayonnement UV. Les rayons X sont également produits par ces derniers et par certaines formes d'accélérateurs de particules et d'appareils électroniques.

En produisant des ondes électromagnétiques et en étudiant leur transmission, Hertz a révélé l'effet photoélectrique en 1887. Sa source et son récepteur étaient des bobines d'induction à éclateur. La longueur générale de l'étincelle provenant de son détecteur était utilisée pour calculer la puissance du champ électromagnétique. Il a rarement enfermé l'éclateur du récepteur dans un boîtier ombragé afin de l'examiner avec plus de précision. Il a remarqué que l'étincelle était toujours moins importante avec l'étui que lorsqu'il ne l'était pas. Il a supposé à juste titre que la lumière de l'étincelle de l'émetteur influençait l'arc électrique du récepteur.

Il a détaché la lumière de l'étincelle de l'émetteur avec un prisme de quartz et a révélé que le segment ultraviolet du spectre lumineux était responsable de l'amélioration de l'étincelle du récepteur. Comme la seule autre conséquence de la lumière sur les phénomènes électriques connue à l'époque était l'augmentation de la conductance électrique de l'élément sélénium avec la révélation de la lumière, Hertz prit cette découverte au sérieux.

Un an après la découverte de Hertz, on a compris que le rayonnement UV était responsable de l'émission de particules chargées négativement par des surfaces en béton. L'innovation des électrons par Thomson en 1897 et la mesure subséquente du rapport masse/charge ont facilité la reconnaissance des particules négatives émises dans l'effet photoélectrique comme des électrons.

Lenard a découvert que l'énergie cinétique maximale des électrons libres dépend du métal utilisé dans une certaine mesure que la puissance de la lumière UV pour une fréquence de rayonnement UV.

Le nombre d'électrons émis augmente avec la concentration de la lumière, mais pas leur énergie. Il a révélé que la fréquence lumineuse la plus faible pour chaque métal est nécessaire pour favoriser l'émission d'électrons. La lumière dont la fréquence est inférieure à cette fréquence minimale, quelle que soit son intensité, n'a aucun effet.

En 1905, Einstein conclut que le rayonnement électromagnétique est constitué de particules d'énergie hv. Il a conclu cela en appliquant la loi du rayonnement de Planck pour mesurer la variation d'entropie d'un gaz idéal causée par une modification isotherme du volume par rapport à la variation d'entropie d'un changement de volume équivalent pour le rayonnement EM.

Il n'y avait pas d'orientation des oscillateurs dans cette dérivation. Einstein a conclu que si le rayonnement EM est quantifié, les procédures d'absorption sont quantifiées, ce qui donne une description bien conçue des énergies de seuil de l'effet photoélectrique et de la dépendance de la concentration. Il a ensuite prédit que l'effet photoélectrique amplifie l'énergie cinétique des électrons émis proportionnellement à hP, où P est la quantité de travail que l'électron créerait en quittant le corps. Comme l'a découvert Lenard, la quantité P, désormais reconnue comme la fonction de travail, dépend du solide utilisé.

Les quanta de lumière étaient le concept novateur d'Einstein, mais ses contemporains l'ont rarement adopté. Il semblait adéquat de quantifier les états d'énergie potentielle pour reconnaître l'absorption et l'émission quantifiées du rayonnement par une substance. La répugnance à quantifier les énergies du rayonnement EM est explicable, étant donné le succès extraordinaire de la théorie de Maxwell sur le rayonnement EM et la confirmation évidente de son existence ondulatoire. En outre, la similitude prescrite de deux expressions théoriques de l'entropie d'un gaz idéal et de l'entropie du rayonnement EM dans l'article d'Einstein de 1905 a été considérée comme une confirmation insuffisante pour une correspondance authentique.

En 1912, Owen Richardson, Arthur Hughes et Karl Taylor Compton ont confirmé la découverte d'Einstein selon laquelle l'énergie cinétique des électrons photoémis augmente linéairement avec la fréquence de la lumière, hP.

En 1916, Robert Millikan a formulé une valeur pour la constante de Planck h en mesurant à la fois la fréquence de la lumière et le KE de l'électron produit en raison de l'effet photoélectrique, qui était très comparable à la valeur obtenue en ajustant la loi de rayonnement de Planck au spectre du corps noir de Wien.

Arthur Compton, Américain de nationalité et physicien de profession, a apporté une preuve convaincante de l'origine particulaire du rayonnement électromagnétique en 1922. Alors qu'il effectuait des recherches sur la diffusion des rayons X, il a découvert que ces rayons perdent une partie de leur énergie au cours du processus de dispersion et sortent avec une fréquence légèrement inférieure. L'angle de diffusion, calculé à partir de la direction d'un rayon X non diffusé, amplifie la perte d'énergie. Selon la mécanique classique, l'effet Compton peut être décrit comme un choc élastique entre deux particules, semblable à la collision de deux boules de snooker. Un photon de rayons X d'énergie h et de quantité de mouvement h/c heurte un électron au repos.

2.2 Le principe d'incertitude La théorie de l'incertitude est expliquée différemment dans deux cadres de la physique quantique. Le principe d'incertitude est plus perceptible visuellement dans la représentation de la mécanique ondulatoire, mais l'image plus conceptuelle de la mécanique matricielle le formule de manière plus facile à comprendre.

Le principe d'incertitude, également connu sous le nom de principe d'incertitude d'Heisenberg ou de principe d'indétermination, est une déclaration faite par l'Allemand Werner Heisenberg en 1927. Il stipule que la position et la vitesse d'un objet ne peuvent être déterminées avec précision qu'en théorie. En réalité, dans la nature, les définitions de la position précise et de la vitesse précise n'ont aucune importance.

Cette théorie n'est pas compréhensible dans la vie quotidienne. Comme les incertitudes masquées par cette théorie pour les objets de la vie courante sont trop faibles pour être remarquées, il est facile de calculer la position et la vitesse d'une voiture. La règle absolue stipule que le produit des incertitudes relatives à la localisation et à la vitesse est égal ou supérieur à une petite quantité physique ou constante (h/(Pi), où h est la constante de Planck, dont la valeur approximative est de 6,6 1034 joules-secondes). Le résultat des incertitudes ne devient vital que pour les atomes et les particules subatomiques de faible masse.

Toute tentative d'estimation précise de la vitesse d'une particule subatomique, telle qu'un électron, l'obligera à se déplacer de manière impulsive, rendant inutile tout calcul immédiat de sa position. Ce résultat trouve son origine dans l'étroite relation entre les particules et les ondes dans la sphère des dimensions subatomiques et n'a pas grand-chose à voir avec les insuffisances des instruments de mesure.

La dualité onde-particule ouvre la voie au principe d'incertitude. Chaque particule est liée à une onde, et chaque particule se comporte comme une onde. La particule a le plus de chances de se trouver là où les effets d'ondulation de l'onde sont les plus évidents ou les plus forts. Cependant, plus les effets d'ondulation de l'onde liée sont violents, plus la longueur d'onde est distraite, ce qui explique l'élan de la particule. Une onde localisée a une longueur d'onde indéfinie, tandis que sa particule équivalente a un emplacement permanent mais pas de vitesse fixe. Une onde de particule avec une longueur d'onde définie est largement détachée. La particule correspondante, tout en ayant une vitesse assez précise, pourrait être localisée presque n'importe où. Une mesure très précise implique un flou important dans la mesure de l'autre.

L'effet observateur stipule qu'il est impossible d'observer de tels processus sans altérer le système. Il avait été confondu par le passé avec le principe d'incertitude. Pour "clarifier" physiquement l'incertitude quantique, Heisenberg a utilisé un effet observateur au niveau quantique. Cependant, on s'est aperçu depuis que le principe d'incertitude est inné dans les propriétés de toutes les structures ondulatoires et qu'il survit dans la mécanique quantique simplement parce que tous les phénomènes quantiques sont des ondes de matière. Le principe d'incertitude exprime une propriété élémentaire des systèmes quantiques plutôt qu'une déclaration sur la présentation observationnelle de la technologie actuelle.

Il est significatif de noter que le calcul des dimensions fait référence à une phase à laquelle participe un physicien-observateur et à toute communication entre des objets classiques et quantiques qui se produit séparément par rapport à un observateur.

Le principe d'incertitude étant un résultat si élémentaire de la mécanique quantique, il est constamment observé dans les expériences quantiques. Cependant, dans le cadre de leur programme d'étude clé, certaines expériences pourraient tester de manière décisive un type spécifique de principe d'incertitude. Les tests des relations d'incertitude nombre-phase dans les matériaux supraconducteurs ou les systèmes d'optique quantique en sont quelques exemples.

2.3 Le principe de la superposition des états Le principe de superposition stipule que la réponse totale provoquée par deux ou plus de deux stimuli est le chiffre total des réponses provoquées par chaque stimulus indépendamment pour tous les systèmes linéaires. Si l'entrée A donne une réponse B et l'entrée X une réponse Y, l'entrée (A + X) donne la réponse (B + Y).

Comme de nombreux systèmes physiques peuvent être classés comme des systèmes linéaires, cette théorie a de nombreuses applications en ingénierie et en physique. Pour la comprendre à l'aide d'un exemple, considérons une poutre qui peut être appelée le système linéaire de notre expérience. La force appliquée sur la poutre est considérée comme le stimulus d'entrée, et sa contre-déviation est considérée comme la réponse de sortie. Les systèmes linéaires sont impératifs car ils sont relativement simples à examiner scientifiquement. Un large éventail de techniques arithmétiques, par exemple les méthodes de transformation linéaire comme les transformées de Laplace et de Fourier et le principe de l'opérateur linéaire, s'appliquent à ces systèmes. La théorie de la superposition n'est qu'une estimation du comportement physique exact, car les processus physiques ne sont généralement linéaires que dans une faible mesure.

Toute méthode linéaire, y compris les équations différentielles linéaires, les équations algébriques et les systèmes d'équations, est soumise au principe de superposition. Les fonctions, les signaux variant dans le temps, les nombres, les vecteurs, les champs vectoriels ou toute autre unité qui satisfait à ces axiomes peuvent être utilisés comme stimuli et réponses pour découvrir le résultat souhaité. Une superposition est symbolisée par un nombre vectoriel lorsque des vecteurs ou des champs vectoriels font l'objet d'une discussion ou d'une observation.

Dans l'analyse de Fourier, le stimulus est écrit comme la superposition d'un nombre infini de sinusoïdes. Ces sinusoïdes peuvent être évaluées indépendamment, et leur réponse peut être calculée grâce au principe de superposition. La réponse sera une sinusoïde de même fréquence que le stimulus, mais dont l'amplitude et la phase sont généralement différentes. Selon le principe de superposition, la réponse du stimulus initial est la somme totale de toutes les réponses sinusoïdales indépendantes.

Les ondes sont souvent analysées à l'aide de l'analyse de Fourier. La lumière ordinaire, par exemple, est définie comme une superposition d'ondes planes dans la théorie EM. Toute action d'une onde lumineuse peut être considérée comme une superposition des performances de ces ondes planes plus simples si le principe de superposition s'applique à la condition.

Les variations des paramètres indéfinis dans l'espace et le temps sont généralement utilisées pour distinguer les ondes, telles que l'élévation dans une vague d'eau, la force dans une onde sonore ou le champ EM dans une onde lumineuse. L'amplitude de l'onde est l'évaluation de ce paramètre, et l'onde elle-même est une fonction qui définit l'amplitude en chaque point.

La forme de l'onde dans tout système comportant des ondes est fonction des origines et des conditions préliminaires du système. L'équation décrivant l'onde est souvent linéaire, comme dans le cas d'une équation d'onde classique. La théorie de la superposition peut être utilisée lorsque c'est le cas. L'amplitude nette produite par deux ou plusieurs ondes traversant le même espace est égale à la somme des amplitudes émises par les ondes individuelles en des occasions distinctes. Par exemple, deux ondes qui se déplacent sur le même trajet se traversent l'une l'autre sans déformation de l'autre côté.

Ce concept est à la base de l'interférence des ondes. Lorsque deux ondes ou plus passent à travers un vide similaire, l'amplitude nette en chaque point est égale à la somme de l'amplitude de toutes ces ondes individuelles. Dans certaines situations, la différence finale a une amplitude inférieure à celle des variations individuelles. On peut observer ce phénomène dans les casques antibruit. On parle alors d'interférence perturbatrice. Dans certains cas, comme dans une série de lignes, la différence finale a une amplitude supérieure à toutes les composantes individuelles, ce qui est connu comme une interférence positive.

Une théorie fondamentale de la mécanique quantique est la superposition quantique. Elle définit que deux ou plus de deux états quantiques valides peuvent être combinés pour créer un autre état quantique applicable, de manière similaire au fonctionnement des ondes en physique classique, et que tout état quantique peut être considéré comme la somme de tous ces états discrets. Elle met en lumière la propriété mathématique des solutions de l'équation de Schrödinger. L'équation de Schrödinger étant linéaire, toute combinaison de solutions linéaires de ce type peut être résolue par elle.

L'une des tâches les plus importantes de la mécanique quantique consiste à découvrir comment une certaine forme d'onde se propage et se comporte. Une fonction d'onde représente l'onde, et l'équation de Schrödinger est appliquée pour trouver son mode d'action. L'écriture d'une fonction d'onde comme une superposition d'autres fonctions d'onde d'un certain type est un moyen courant de calculer son comportement. L'action de la fonction d'onde originale peut être calculée à l'aide du principe de superposition puisque l'équation de Schrödinger est linéaire.

2.4 Le principe d'indétermination L'incomplétude apparemment requise dans l'explication d'un système physique, qui est devenue l'un des principaux points forts de la description standard de la physique quantique, est connue sous le nom d'indétermination quantique. Avant la découverte de la mécanique quantique, on supposait que :

- Un système physique avait un état fixe qui définissait toutes ses propriétés observables de manière distinctive et vice versa.

- L'état était découvert uniquement par les valeurs de ses propriétés observables.

Une distribution de probabilité sur l'ensemble des résultats possibles d'une mesure observable peut décrire l'indétermination quantique. L'état du système détermine la distribution de probabilité d'une manière particulière, et la mécanique quantique offre un schéma pour la mesurer.

La mécanique quantique n'a pas formulé l'indétermination dans la mesure. Les expérimentateurs savaient depuis longtemps que les erreurs de mesure humaines pouvaient conduire à des résultats indéterminés. Mais les erreurs de mesure étaient bien comprises dès la seconde moitié du XVIIIe siècle, et il était admis qu'elles pouvaient être minimisées par l'amélioration des équipements ou compensées par des modèles d'erreurs arithmétiques. En mécanique quantique, l'indétermination est une propriété essentielle qui n'a rien à voir avec les erreurs ou les perturbations.

L'indétermination quantique peut également être visualisée comme une subdivision dont l'élan est sensiblement calculé et qui doit avoir une limite primaire à la précision avec laquelle sa position peut être indiquée. Une telle théorie de l'incertitude quantique peut être articulée à l'aide d'autres variables. Par exemple, une particule avec une énergie calculée a une limite élémentaire sur la précision avec laquelle on peut identifier la durée de l'énergie.

L'indétermination quantique stipule que l'état d'un système n'identifie pas un seul ensemble d'entrées pour toutes ses propriétés observables. Sans aucun doute, selon le théorème de Kochen et Specker, il est impossible dans la formulation de la mécanique quantique que chaque propriété quantifiable ait une valeur déterminée pour un état. Les valeurs de ces propriétés observables seront obtenues à l'aide d'une distribution de probabilité déterminée exclusivement par l'état du système. Puisque la mesure détruit l'état, chaque valeur calculée dans la compilation doit être gagnée avec un état récemment préparé lorsque nous parlons d'un ensemble d'entrées.

Dans notre définition d'une structure physique, cette indétermination peut être perçue comme une classe d'incomplétude élémentaire. Cependant, il faut se rappeler que l'indétermination mentionnée ci-dessus ne s'applique qu'aux valeurs de mesure, et non à l'état quantique.

Mais Einstein a accompli qu'un état quantique ne pouvait pas être une représentation absolue d'un système objectif. Contrairement à la croyance populaire, il n'a jamais compris la mécanique quantique. Einstein a démontré que si la mécanique quantique est exacte, la perception classique du fonctionnement du monde réel ne l'est plus.

Cette indétermination est fréquemment interprétée comme une connaissance que nous déduisons exister dans des systèmes quantiques indépendants avant les calculs. Son caractère aléatoire est une représentation arithmétique de l'indétermination, comme le montrent les résultats de nombreuses expériences. La relation entre le caractère aléatoire et l'indétermination quantique est délicate et peut être vue de différentes manières.

Les expériences de hasard, comme le lancer d'une pièce de monnaie ou d'un dé, peuvent être déterminées en physique classique, dans la mesure où la connaissance complète des conditions primaires entraîne des résultats attendus. L'imprévisibilité est due à l'absence d'informations apparentes lors du lancement ou du tirage initial d'un dé. En physique quantique, cependant, les théories de Kochen et Specker suggèrent que le caractère aléatoire des quanta ne découle pas d'une telle connaissance physique.

# Mécanique ondulatoire

3.1 Dualité onde-particule

En mécanique quantique, la dualité onde-particule explique que tout objet quantique peut être signifié soit comme une onde, soit comme une particule. Elle imite l'incapacité des termes classiques tels que "particule" et "onde" à élucider le comportement des objets à l'échelle quantique.

Elle donne l'impression que nous devons appliquer une théorie et une autre à d'autres, alors que nous pouvons employer les deux. Nous sommes confrontés à un nouveau type de rencontre. Nous pouvons supposer que nous avons deux visions complémentaires de la réalité ; aucune ne décrit le mécanisme de la lumière lorsqu'elle est considérée de manière discrète, mais le mécanisme est expliqué de manière exhaustive lorsqu'elle est considérée ensemble.

Ce mécanisme a été détecté dans les atomes de base et les particules complexes telles que les atomes et les molécules. Les propriétés ondulatoires ne sont généralement pas démontrables pour les particules plus grandes en raison de leurs longueurs d'onde extrêmement courtes.

Bien qu'il ait été vérifié que la dualité onde-particule est bénéfique en physique, son implication ou sa compréhension n'a pas encore été déterminée.

L'"incohérence de la dualité" était considérée par Bohr comme une vérité élémentaire ou abstraite de la réalité. Un objet supposé présentera des caractéristiques d'onde, de particule, ou les deux, dans des environnements physiques différents. L'explication mécanique quantique, selon Bohr, nécessite l'abandon de la relation qui inclut la relation de cause à effet de l'image analysée.

Werner Heisenberg a analysé le sujet plus intensément. Il considéra que la dualité était présente dans toutes les figures quantiques, mais pas de manière équitable comme Bohr l'avait constaté. Il l'a observée dans une deuxième procédure de quantification, qui produit une nouvelle idée des champs qui surgissent dans l'espace-temps régulier tout en permettant d'envisager l'interconnexion. La mécanique quantique simple peut être déduite de la théorie quantique si la logique est renversée. Notre interprétation de la réalité est basée sur nos expériences quotidiennes. Cependant, la dualité onde-particule est si inhabituelle qu'elle nous oblige à réexaminer nos prédéterminations.

La propriété essentielle de la matière est la dualité onde-particule, c'est-à-dire qu'elle donne l'impression d'être une onde à un moment donné et se comporte comme une particule le moment suivant.

Il est utile de réfléchir aux dissemblances entre les particules et les ondes pour comprendre la dualité onde-particule.

La bille peut illustrer les propriétés des particules. La bille est une tache de verre en forme de sphère qui se trouve partout dans l'espace. Nous communiquons de l'énergie à la bille en la retournant avec notre doigt ; il s'agit d'énergie cinétique, et la bille en mouvement l'absorbe. Une poignée de billes sont lancées en l'air et tombent sur le sol, chaque bille transférant de l'énergie là où elle atterrit.

Si la vague est contenue en un point, elle se répandra plus tard sur une large zone, comparable à la façon dont les vagues se répandent lorsque nous lâchons un caillou dans un étang. La vague transfère l'énergie associée à son mouvement. Comme l'onde est soufflée, contrairement à une particule, l'énergie est répartie dans l'espace.

A l'inverse, les vagues sont dispersées. Les énormes rouleaux sur les eaux libres, les vagues dans un étang, les ondes sonores et les ondes lumineuses sont tous des exemples d'ondes.

Les particules qui entrent en collision s'éloignent les unes des autres, mais les ondes qui entrent en collision se traversent les unes les autres et ne semblent pas affectées. Les ondes superposées peuvent provoquer des interférences, où une crête rencontre un creux, et l'onde peut s'éteindre.

Lorsque des parties d'une onde passent à travers des trous très rapprochés dans un écran, les ondes se propagent dans toutes les directions et interfèrent, ce qui fait que l'onde s'éteint dans certaines zones et devient plus forte dans d'autres.

La diffraction des ondes lumineuses est une propriété reconnue des ondes lumineuses. Néanmoins, une crainte a été révélée par les théories sur les ondes lumineuses formées par des objets chauds, tels que les charbons ardents dans un feu ou la lumière du soleil, au début du vingtième siècle.

Le rayonnement du corps noir est le nom donné à ce système de lumière. Ces suppositions vont encore prophétiser la catastrophe des UV pour la lumière émise en dehors de l'extrémité bleue du spectre.

L'explication était que l'énergie des ondes lumineuses n'était pas continue mais se présentait en nombres déconnectés comme si elle était constituée de nombreuses particules, comparables à notre poignée de billes. L'impression que les ondes lumineuses se comportent comme des particules est montée, et ces particules ont été appelées photons.

Des expériences ont révélé que les particules atomiques se comportent comme des ondes. Nous ne voyons pas deux pics, un pour chaque trou, lorsque nous tirons des électrons sur un côté d'un écran avec deux trous soigneusement espacés et que nous calculons la distribution des électrons de l'autre côté, comme nous le ferions si nous utilisions des ondes.

Il s'agit d'une version alternative de l'expérience des fentes de Young, mais cette fois avec des ondes électroniques à la place de la lumière. Ces idées sont à la base de la théorie quantique, qui est sans doute la théorie la plus convaincante jamais formulée par les scientifiques.

La particularité de l'expérience de diffraction est que, contrairement à une vague tombant sur la mer, l'onde électronique ne transmet pas son énergie à toute la surface du détecteur.

L'énergie de l'électron est stockée en un seul point, comme s'il s'agissait d'une molécule. Bien que l'électron se déplace dans l'espace comme un flux, il se mêle à la matière en un point solitaire comme une particule. C'est ce que l'on appelle le principe de la dualité onde-particule.

On a supposé qu'il était important de croire que les particules avaient des propriétés ondulatoires pour comprendre l'assemblage et le comportement des atomes. Si cela est exact, une particule peut se diffracter comme une onde à travers une paire de trous soigneusement espacés.

Qu'advient-il du reste de l'onde si un électron ou un photon diffuse comme une onde mais cède son énergie en un point ?

Il s'éteint aux quatre coins du monde, pour ne plus jamais être perçu. Les parties de l'onde éloignées du point d'interaction supposent en quelque sorte que l'énergie a disparu et disparaissent instantanément.

Si cela se produisait avec les vagues de l'océan, un surfeur sur la vague fascinerait l'énergie, et la vague océanique disparaîtrait sur la plage. Un surfeur surgirait à la surface de l'eau, tandis que les autres resteraient collés à la surface.

C'est ainsi que se comportent les photons, les électrons et même les ondes atomiques. Ce défi a déconcerté de nombreux scientifiques, dont Einstein.

Einstein s'inquiétait de la position de la particule et estimait que la théorie quantique manquait de détails. Dans un article prévalent sur les variables cachées, Einstein et ses contemporains Boris Podolsky et Nathan Rosen ont dérivé deux substituts : soit la théorie quantique était inappropriée, soit le problème résidait dans notre interprétation de la réalité elle-même.

Le point de vue de l'onde seule Julian Schwinger, lauréat du prix Nobel, a été le premier à anticiper le point de vue de l'onde seule dans ses six articles sur "La théorie des champs quantifiés".

Selon cette théorie, les quanta sont des unités distinctes qui progressent et interagissent à l'aide d'équations déterministes, à ceci près que lorsqu'un quanta transmet son énergie à un atome englobant, il disparaît de tout l'espace. Ce que nous appelons une particule est essentiellement une unité globale du champ qui se comporte comme une particule dans son inté-gralité. Elle doit disparaître instantanément, même si elle est répartie sur plusieurs kilomètres, comme un photon qui s'écrase dans une cellule photoréceptrice de l'œil. Il est impos-sible de n'avoir qu'un segment d'un photon.

Bien que de nombreux physiciens trouvent l'effondrement instantané difficile à accepter, il n'est pas rationnellement insi-gnifiant et ne perturbe pas le principe de relativité d'Einstein. La suppression d'un champ avant qu'il n'ait agi ne transmet aucune information fondamentale. Seules les associations non locales entre des événements situés à différents endroits sont enchevêtrées dans l'effondrement d'un quantum, et les associa-tions ne peuvent pas diffuser d'énergie ou d'information.

3.2 Interférence des ondes Supposons que deux ondes entrent en collision alors qu'elles se déplacent dans le même milieu. Vous êtes-vous déjà demandé ce qui se passe ensuite ? Les effets de ces ondes en collision sur le milieu ? Est-il possible que les deux ondes entrent en collision et rebondissent l'une sur l'autre, comme on le voit au snooker lorsque deux boules se heurtent l'une à l'autre, ou bien se traversent-elles l'une l'autre ? L'interférence des ondes traite de la collision de deux ou plusieurs ondes voyageant dans un milieu identique.

Lorsque deux ondes se heurtent en traversant un milieu

identique, on parle d'interférence d'ondes. Le milieu prend une forme qui résulte de la somme totale des deux ondes distinctes sur les particules du milieu en raison de l'interférence des ondes. Prenons deux impulsions d'amplitude équivalente se déplaçant dans des régions contradictoires dans un milieu identique pour commencer notre examen de l'interférence des ondes. Supposons que chaque onde soit plus haute d'une unité à sa crête et représente une onde sinusoïdale. Si les impulsions sinusoïdales se rapprochent les unes des autres, il y aura un point où elles se chevaucheront. La forme ultime du milieu à ce point sera une impulsion sinusoïdale déplacée vers le haut avec une amplitude accrue de 2 unités.

L'interférence constructive est un terme utilisé pour désigner cette forme d'interférence. Il s'agit d'une forme d'interférence qui se produit lorsque deux ondes interférentes ont le même déplacement et la même trajectoire en tout point du milieu. Les deux ondes ont un déplacement croissant dans cette condition parce que le milieu a un déplacement croissant plus grand que le déplacement des deux impulsions interférentes. À tout moment, lorsque les deux ondes superposées sont évacuées vers le haut, l'interférence constructive est détectée.

L'interférence destructive se produit lorsqu'un couple d'ondes interférentes présente un déplacement dans une direction contradictoire en tout point du milieu. Elle se produit dès qu'une onde sinusoïdale avec un déplacement extrême de +1 unité entre en contact avec une onde sinusoïdale avec un déplacement extrême équivalent à -1 unité.

Étonnamment, la collision de deux ondes au cours de ce parcours n'a aucune conséquence sur les ondes individuelles et ne devient pas une raison pour qu'elles s'écartent de leur direction prévue. Contrairement à ce qui se passe lorsque deux boules de snooker se frappent ou que deux joueurs de football s'écrasent, cette action est surprenante. Les boules de snooker vont se frapper et rebondir l'une sur l'autre, tout comme les joueurs de football vont se heurter et s'immobiliser. Néanmoins, deux vagues vont se frapper, créer une forme totale conséquente du milieu, puis continuer leurs activités précédentes.

La majorité des ondes n'ont pas l'air d'être simples. Les vagues complexes sont plus fascinantes, voire stupéfiantes, mais elles semblent intimider. La majorité des vagues ont l'air multiforme parce qu'elles sont composées de nombreuses vagues de base ajoutées les unes aux autres. Heureusement, les règles d'ajout de vagues sont simples.

Lorsque deux ou plusieurs vagues supplémentaires atteignent simultanément le même site, elles se superposent les unes aux autres. Lorsque les vagues entrent en collision, leurs turbulences se superposent, une procédure connue sous le nom de superposition. Chaque perturbation est liée à une force, qui s'additionne. Si les turbulences suivent toutes le même chemin, l'onde suivante est simplement la somme de toutes les turbulences des ondes individuelles en raison de l'addition de leurs amplitudes.

Bien que les interférences constructives et destructives pures existent, elles nécessitent que des ondes identiques soient appariées. La plupart des ondes se superposent, donnant lieu à un mélange d'interférences constructives et destructives qui divergent occasionnellement et d'un endroit à l'autre - un système de sonorisation, par exemple, peut être fort à un endroit mais silencieux à un autre. Les ondes sonores s'additionnent de manière quelque peu constructive et quelque peu destructive à divers endroits, à mesure que leur volume varie.

Les ondes sonores sont formées par au moins deux haut-parleurs dans un système stéréophonique, et les ondes sonores peuvent reculer sur les murs. Ces deux types d'ondes sont fixés l'un sur l'autre. Le son combiné de deux réacteurs d'avion perçu par un passager immobile est un exemple de sons qui se transforment au fil du temps de positifs à destructeurs. Comme le son des deux moteurs fluctue dans le temps de positif à destructif, le son mutuel fluctuera en intensité.

Les vagues ne semblent pas souvent bouger ;

Au contraire, elles ne font que trembler sur place. Des ondes immobiles, par exemple, peuvent être observées à la surface d'un bécher de lait dans le réfrigérateur. Les vibrations du moteur du réfrigérateur produisent des ondes sur le lait qui vibrent de haut en bas mais ne semblent pas se déplacer sur la surface. Les ondes passent les unes à travers les autres, devenant au passage une cause de perturbations. Lorsque l'amplitude et la longueur d'onde de deux ondes sont identiques, elles passent d'une interférence positive à une interférence destructive.

La conséquence est connue sous le nom d'onde stationnaire car elle ressemble à une onde immobile. Les ondes stationnaires peuvent être perçues à la surface d'un verre de lait. D'autres ondes stationnaires peuvent se trouver dans les cordes d'une guitare. Les réflexions sur le côté du verre pourraient produire les deux ondes qui génèrent les ondes stationnaires dans le gobelet de lait.

Un examen plus approfondi des tremblements de terre révèle des signes d'ondes stationnaires, de résonance et de circonstances d'interférence constructive et disruptive. Un bâtiment peut trembler pendant de nombreuses secondes à une fréquence qui ressemble à la fréquence normale de vibration du bâtiment, pour finalement aboutir à une résonance qui devient une raison pour qu'un bâtiment s'effondre alors que les bâtiments adjacents restent intacts. Les bâtiments d'une hauteur spécifique sont souvent démolis, mais les constructions plus hautes restent debout. La hauteur du bâtiment correspond aux conditions de création d'une onde stationnaire à cette hauteur. Parfois, à la surface de la Terre, des interférences positives se produisent lorsque les ondes sismiques se détachent de roches plus épaisses. Les zones les plus proches de l'épicentre ne sont généralement pas touchées, tandis que les zones plus éloignées sont plus endommagées.

Sur un clavier de musique, le fait de frapper deux touches adjacentes génère un son exaltant, communément qualifié d'exaspérant. Le responsable est la superposition de deux ondes de fréquences comparables mais non concordantes. Un autre exemple peut être observé lorsqu'on est assis dans un avion à réaction, en particulier le type à double moteur - le son mutuel du moteur monte et descend en volume. Comme les ondes sonores ont des fréquences comparables mais non égales, le volume varie. Comme un couple d'ondes se met en phase et se déphase, le gazouillis désagréable du piano et l'intensité sonore changeante du bruit du moteur à réaction sont tous deux dus à l'interférence positive et perturbatrice.

Le sujet précédent propose que les ondes qui interagissent les unes avec les autres soient monochromatiques ou aient une fréquence unique, ce qui exige qu'elles soient d'une durée incommensurable. Néanmoins, ceci n'est ni réaliste ni essentiel. Si elles se superposent, deux ondes équivalentes de longueur déterminée avec une fréquence fixe sur cette durée peuvent devenir la raison d'être d'une figure d'interférence. Deux ondes comparables avec une gamme mineure de fréquences, de longueur déterminée, peuvent être à l'origine d'un motif de franges avec des espacements quelque peu différents, et si l'espacement est considérablement inférieur à l'espacement ordinaire des franges, un motif de franges apparaîtra sur la scène lorsque les deux ondes se superposeront.

Les sources lumineuses traditionnelles émettent des ondes de fréquences et de durées variables à partir de nombreux points de la source. Chaque onde lumineuse distincte peut être à l'origine d'un motif d'interférence avec son autre moitié si la lumière est divisée en deux ondes puis recombinée, mais les motifs de frange discrets auront des stades et des espacements différents, et aucun motif de frange inclusif ne sera visible. Les sources lumineuses à élément unique, comme les lampes à sodium, ont des raies d'émission de faible fréquence. Avant la création du laser, toutes les expériences de ce type étaient réalisées à l'aide de certaines sources, et ses applications étaient très diverses.

Comme un faisceau laser est beaucoup plus proche d'une source monochromatique, il est beaucoup plus facile de générer des franges d'interférence avec un laser. La facilité avec laquelle les franges d'interférence peuvent être perçues avec un faisceau laser peut parfois poser des problèmes, car les réflexions parasites peuvent provoquer des franges d'interférence parasites susceptibles de provoquer des erreurs.

La lumière blanche peut également percevoir des franges d'interférence. Un motif de franges en lumière blanche peut être un spectre de nombreux motifs de franges avec un espacement quelque peu dissemblable. Si les motifs de franges sont en phase au milieu, l'étendue des franges augmente au fur et à mesure que la longueur d'onde diminue, ce qui se traduit par de multiples franges de couleur variable dans l'intensité totale. Young l'explique de manière expressive dans sa conversation sur les interférences à deux fentes. Les franges de lumière blanche peuvent être très utiles en interférométrie car elles permettent de percevoir la frange de différence de trajet nulle, celle-ci n'étant atteinte que lorsque les deux ondes ont parcouru des distances identiques depuis la source lumineuse.

3.3 La théorie de l'effet photoélectrique d'Einstein Lorsqu'un matériau absorbe un rayonnement électromagnétique, des particules excitées électriquement sont déchargées de ou à l'intérieur de celui-ci, produisant l'effet photoélectrique. L'expulsion des électrons d'une plaque métallique lorsque la lumière l'atteint est une parfaite définition de l'effet photoélectrique. L'énergie lumineuse peut être visible, infrarouge, gamma, X et ultraviolette ; le matériau peut être n'importe lequel des trois états de la matière, et les particules déchargées peuvent être des ions ou des électrons. En raison des questions déroutantes qu'il posait sur la lumière et les particules par rapport au comportement ondulatoire, le mécanisme a joué un rôle très important dans l'expansion de la physique moderne, à laquelle Einstein a finalement répondu en 1905. La conséquence est encore capitale dans la recherche dans des domaines très variés, y compris l'astrophysique et les sciences des matériaux, et dans le développement d'une diversité de dispositifs précieux.

D'autres expériences ont permis de découvrir que l'effet photoélectrique est une interface entre la matière et la lumière, ce que la physique classique n'a pas pu élucider, et qui n'explique la lumière qu'au nom d'une onde EM. Une découverte déroutante s'est avérée que le KE inclusif des électrons non restreints comparait la fréquence de la lumière plutôt que la force de la lumière, comme le prophétisait la théorie des ondes. L'intensité de la lumière reconnaissait la somme des électrons expulsés du métal, et elle était calculée comme un courant électrique. Une autre découverte déroutante était que la décharge d'électrons et l'influx de rayonnement se matérialisaient presque instantanément.

En raison de ces comportements étranges, Albert Einstein a anticipé une nouvelle théorie de la lumière en 1905, dans laquelle chaque subdivision de la lumière et photon comprend une quantité statique d'énergie qui fluctue avec la fréquence de la lumière. Pour être plus précis, un photon possède une énergie désignée par E équivalente à hf, où f désigne la fréquence de la lumière et h est considéré comme une constante universelle dérivée par Max Planck pour décrire la fourniture de longueur d'onde du rayonnement du corps noir ou du rayonnement électromagnétique émis par un corps chaud. L'association peut également être écrite sous la forme E = hc/λ, dans laquelle c désigne la vitesse de la lumière et h la longueur d'onde. Elle décrit que l'énergie du photon est en relation inverse avec sa longueur d'onde. Cela signifie que si une entité augmente, l'autre diminue.

Einstein a prédit qu'un seul photon traverserait un matériau et transmettrait son énergie à un autre électron. L'énergie cinétique de l'électron diminuera d'une quantité appelée fonction de travail, tout comme la fonction de travail de l'électronique lorsqu'il traverse le métal à grande vitesse et finit par sortir du matériau. La fonction de travail imite l'énergie nécessaire à l'électron pour effectuer un retrait hors du métal.

Bien que le modèle d'Einstein caractérisait la décharge d'électrons hors d'une plaque bien éclairée, la théorie des photons dont il est question était si fondamentale que l'hypothèse n'a pas été largement reconnue avant d'être prouvée expérimentalement, c'est ce qui la rend vitale. L'autorisation supplémentaire est venue en 1916 lorsque le scientifique américain Robert Millikan a utilisé des mesures extrêmement précises pour authentifier l'équation d'Einstein et a démontré que la valeur de la constante d'Einstein h était identique à celle de la constante de Planck.

Arthur Compton a calculé la variation des longueurs d'onde des rayons X une fois qu'ils se sont mêlés aux électrons libres et a vérifié que cette variation pouvait être trouvée en considérant les rayons X comme des photons. Pour cette découverte exacte et cette affirmation essentielle, Compton a reçu le prix Nobel en 1927.

Ralph Fowler, un arithméticien, a reconnu l'association entre la température et le courant photoélectrique dans les métaux, faisant ainsi progresser notre connaissance et notre interprétation de l'émission photoélectrique. D'autres recherches ont permis de découvrir que le rayonnement électromagnétique pouvait décharger des électrons dans les non-conducteurs et les semi-conducteurs. Les isolants sont les matériaux incapables de conduire l'électricité, et les semi-conducteurs sont les matériaux qui peuvent conduire l'électricité plus que les isolants mais pas plus que les conducteurs.

Principes de la photoélectricité Selon la mécanique quantique, les électrons limités aux atomes ont des structures électroniques à multiples facettes. La bande de valence est la disposition d'énergie maximale que les électrons habitent généralement dans un matériau spécifique, et le degré auquel elle est occupée définit le pouvoir de conductivité électrique du matériau. La coquille de valence d'un métal conducteur particulier est partiellement occupée par des électrons qui passent simplement d'un atome à l'autre et transportent le courant produit. Dans un non-conducteur complet, comme le verre, la coquille de valence est occupée et les électrons de la coquille externe peuvent se déplacer légèrement. Les semi-conducteurs, comme les isolants, ont généralement des bandes de valence occupées, mais contrairement aux isolants, il faut un effort mineur pour faire passer un électron de la bande la plus externe à la prochaine bande d'énergie autorisée, la bande de conduction.

Cela est dû au fait que tout électron qui atteint un tel état excité est comparativement libre de se déplacer. Pour comprendre ce concept, prenons l'exemple d'un semi-conducteur appelé silicium. Il a une bande interdite de 1,12 eV, tandis qu'un autre matériau semi-conducteur, l'arséniure de gallium, a une bande interdite de 1,42 eV. Elle se situe au-delà de la limite d'énergie tolérée par les photons de la lumière visible et de l'infrarouge. Pour contrôler la bande interdite parmi les non-conducteurs, un rayonnement énergétique supplémentaire est obligatoire. Ce rayonnement peut contribuer à améliorer la conductivité électrique d'une substance semi-conductrice en ajoutant un courant électrique provoqué par une tension. Dans un autre cas, il peut produire une tension sans aucune influence de sources de tension extérieures. Cela dépend de la façon dont le matériau semi-conducteur est conçu.

La délivrance d'électrons produit la photoconductivité par la lumière et le passage de charges positives d'un niveau à l'autre. Les particules chargées négativement mal placées dans la coquille la plus externe sont appelées trous, et elles font référence aux électrons élevés dans la bande de conduction.

Dès que le semi-conducteur donne de la lumière par illumination, les électrons et les trous augmentent le flux de courant.

Si les électrons libérés par la lumière entrante se détachent des trous produits, une tension est produite, entraînant une variation du potentiel électrique. Dans ce cas, au lieu d'utiliser un semi-conducteur complet, on utilise généralement une jonction p-n. L'intersection de semi-conducteurs de type p et de type n est reconnue comme une jonction p-n. Différentes impuretés sont ajoutées dans le matériau semi-conducteur pour produire des électrons supplémentaires dits de type n ou des trous supplémentaires dits de type p dans ces zones contrastées. L'illumination aide à la libération des trous et des électrons dans les côtés opposés de la connexion. Il en résulte finalement une tension à travers la connexion qui peut conduire le courant et transformer l'énergie lumineuse en énergie électrique qui peut être utilisée pour plusieurs applications.

Les rayonnements de fréquence comparativement élevée, comme les rayons gamma et les rayons X, sont à l'origine d'effets photoélectriques supplémentaires. En outre, ces photons d'énergie élevée libèrent des électrons près du noyau, à un endroit où les électrons sont étroitement regroupés et ont du mal à se déplacer. Dès qu'un tel électron intérieur est expulsé, un nouvel électron à énergie élevée s'avance rapidement pour prendre sa place et combler le vide créé précédemment. C'est ce que l'on appelle l'effet Auger, qui consiste en la décharge d'un ou de plusieurs électrons supplémentaires en raison de l'énergie additionnelle.

Avantages Les dispositifs photoélectriques présentent de nombreux avantages, notamment celui de fournir un courant directement proportionnel à l'intensité de la lumière et d'avoir un temps de réponse très rapide. Ce dispositif était initialement connu sous le nom de phototube. Il s'agissait d'un tube spatial doté d'une cathode métallique avec une caractéristique de travail mineur. Il permettait de libérer facilement des électrons. Une anode maintenue à une tension positive élevée par rapport à la cathode rassemblera le courant déchargé par la plaque. Les phototubes ont été progressivement remplacés par des photodiodes à base de semi-conducteurs, capables de calculer l'intensité de la lumière, de la capter et de contrôler d'autres dispositifs. Enfin, elles peuvent également aider à convertir l'énergie lumineuse en électricité. Ces dispositifs fonctionnent à des tensions inférieures, analogues à leurs bandes interdites, et sont utilisés dans diverses applications, notamment la surveillance des émissions, les cellules solaires, la détection de la lumière dans les réseaux de télécommunications à fibres optiques, et bien d'autres encore.

Les photomultiplicateurs et les photodiodes sont également utiles dans la technologie de l'imagerie. La statistique selon laquelle la décharge d'électrons de chaque point d'une cathode est reconnue par le total est utilisée dans les intensificateurs d'image, les amplificateurs de lumière, les tubes de stockage d'images et les tubes de caméras de télévision. De l'autre côté d'une cathode semi-transparente, une image visuelle tombant d'un côté est déformée en une image analogue de courant d'électrons.

3.4 Le principe d'incertitude d'Heisenberg Le principe d'incertitude est considéré comme l'un des concepts les plus impératifs de la mécanique quantique. Il désigne l'existence de l'incertitude dans la nature, une limite essentielle à ce que nous pouvons reconnaître du comportement des particules quantiques. Nous ne pouvons qu'imaginer mesurer des probabilités pour savoir où se trouvent les choses dans les scénarios et comment elles se comporteront dans certains scénarios. Contrairement au monde de l'horloge d'Isaac Newton, où tout se déplace selon des lois simples et où la prévision est simple si l'on connaît les conditions préalables, la loi d'incertitude sème la confusion dans les principes quantiques.

Le concept élémentaire de Werner Heisenberg explique pourquoi les atomes ne s'effondrent pas, comment le soleil brille et pourquoi l'espace n'est pas vide.

La théorie de l'incertitude est une tolérance supplémentaire de la façon dont nous percevons et énumérons les choses dans la vie quotidienne. Les photons, qui sont les ondes lumineuses, rebondissent sur l'écran ou le papier et entrent dans vos yeux, vous permettant de lire ces jugements. À une vitesse égale à celle de la lumière, chaque photon transporte quelques données sur la surface d'où il a rebondi. Pas si facile de voir un atome subatomique comme un électron. On peut aussi faire rebondir un photon, puis apporter un appareil pour percevoir le photon.

Quoi qu'il en soit, on s'attend à ce que le photon transmette une certaine énergie à l'électron lorsqu'il le heurte, faisant ainsi fluctuer le parcours de la particule que vous essayez de calculer. Mais comme les particules quantiques se déplacent si rapidement, l'électron ne peut plus se trouver dans la même position que lorsque la particule de lumière a rebondi sur lui. Dans ce cas, la dimension de la quantité de mouvement ou de la position sera inappropriée, et l'action de l'opinion impliquera la particule observée.

De nombreux mécanismes que nous percevons mais que nous ne pouvons pas comprendre à l'aide de la physique classique sont basés sur le principe d'incertitude. Prenons l'exemple des atomes, qui ont un noyau avec une charge positive et des électrons chargés négativement qui l'entourent. Nous supposerions que les deux charges inverses se fascinent l'une l'autre, entraînant sa décomposition en un ensemble de particules selon le jugement classique. La théorie de l'incertitude permet de comprendre pourquoi cela ne se produit pas. Si une particule se déplace près du noyau, sa position dans l'espace devrait être connue, et l'erreur de calcul serait sans importance. Cela indique que le calcul de sa quantité de mouvement serait énormément imprécis en raison du changement constant de sa vitesse. Dans ce cas, l'électron peut se déplacer si rapidement qu'il quitte complètement l'atome.

La théorie d'Heisenberg peut également décrire un type de rayonnement atomique connu sous le nom de désintégration alpha. Certains noyaux lourds, tels que l'uranium-238, libèrent des particules alpha, qui sont composées de quelques protons et de quelques neutrons. Celles-ci sont généralement destinées à l'intérieur du noyau lourd, et la rupture des liaisons qui les maintiennent en place nécessitera beaucoup d'énergie. Mais la vitesse d'une particule alpha à l'intérieur d'un noyau est bien connue. Mais sa localisation n'est pas connue. Cela signifie qu'il existe une probabilité mineure mais non nulle que la particule se situe à l'extérieur du noyau à un moment donné, même si elle n'a pas l'énergie suffisante pour le faire. La particule alpha s'échappe, et nous assistons au processus de radioactivité qui se produit. Il s'agit d'un mécanisme symboliquement connu sous le nom d'effet tunnel quantique, puisque la particule sortante doit trouver son chemin à travers un bloc d'énergie qu'elle ne peut pas franchir.

Dans notre soleil, les protons se rapprochent les uns des autres et contribuent à libérer l'énergie qui permet aux étoiles de l'univers de briller. Un mécanisme comparable d'effet tunnel quantique se produit en sens inverse. Les protons au centre du soleil ne disposent pas de l'énergie suffisante pour résoudre leur répugnance électrique commune, car les températures sont trop basses.

La déclaration du principe d'incertitude concernant les vides est peut-être la découverte la plus étrange. Les procédures quantiques ont une complexité intrinsèque en termes de quantité d'énergie enchevêtrée et de la durée nécessaire pour que de telles procédures apparaissent. Le calcul d'Heisenberg pourrait également être articulé en termes de temps et d'énergie comme alternative à la position et à la quantité de mouvement. Encore une fois, plus une entité est contrôlée, moins l'autre variable le sera. L'énergie d'un arrangement quantique peut être extrêmement incertaine pendant de très,

très brèves périodes de temps, au point que des particules peuvent apparaître hors du vide. Ce temps est égal à la durée pendant laquelle un électron et son homologue antimatière, le positron, s'annihilent mutuellement. Ce phénomène est parfaitement légal en vertu de la mécanique quantique, étant donné que les particules ne vivent que pendant une brève période et disparaissent une fois leur temps écoulé.

Conformément au principe d'incertitude d'Heisenberg, il existe une incertitude intrinsèque dans le calcul des constituants d'une particule. Cette théorie, qui est normalement valable pour la position et la quantité de mouvement d'une particule, définit que plus la position est connue avec précision, plus la quantité de mouvement devient indéfinie, et vice versa. Ceci est contraire à la physique classique, qui stipule que si l'équipement donné est suffisamment bon et qu'il n'y a pas d'erreurs humaines, toutes les variables des particules sont observables avec une incertitude subjective. Le principe d'incertitude explique pourquoi un chercheur ne peut pas calculer simultanément de nombreuses variables quantiques. Avant de commencer la mécanique, on supposait que toutes ces variables d'un objet pouvaient être identifiées simultanément avec une grande précision.

La physique newtonienne n'imposait aucune restriction sur la manière dont les méthodes et pratiques de meilleure qualité pouvaient réduire l'incertitude des calculs, il était donc hypothétiquement possible de définir toutes les connaissances avec le soin et l'exactitude adéquats. Heisenberg a proposé avec assurance que cette exactitude avait une limite inférieure, rendant nos informations hypothétiquement imprévisibles.

Connaître la quantité de mouvement exacte d'une particule rend difficile le calcul de son emplacement précis. Cette association est également valable pour le temps et l'énergie, en ce sens que l'énergie exacte d'un système ne peut être calculée dans un temps total limité. Heisenberg a délimité l'incertitude dans les particules de paires conjuguées comme le momentum ou la quantité de mouvement et l'énergie ou le temps comme ayant la plus petite valeur équivalente à la constante de Planck, finalement divisée par $4\pi$ pour obtenir le résultat souhaité.

En dehors des concepts scientifiques, on peut comprendre cela en visualisant que plus on tente avec une grande précision de quantifier la position, plus le mécanisme est interrompu, et cela entraîne des déplacements de la quantité de mouvement. Contemplez l'influence du calcul de la position sur l'élan par rapport à celui d'une balle. Supposons que la lumière dans les particules de photons doit calculer ces objets. Ces photons ont une vitesse et une masse qui peuvent être calculées, et ils frappent avec l'électron et une balle pour régler leur position. Lorsque deux objets frappent avec leurs moments individuels, ces moments sont transportés l'un vers l'autre.

Si un photon frappe un électron, un pourcentage de son énergie est transporté, et l'électron se déplace par rapport à cette entité en fonction de son rapport de masse. Si l'on mesure les poids, la balle de tennis la plus grosse présentera la transmission de l'élan des photons, mais la conséquence sera réduite en raison de sa masse qui est de plusieurs ordres de grandeur supérieure à celle du photon. Pour présenter les choses autrement, imaginez un énorme camion et un vélo qui entrent en collision, le camion représentant la balle et le vélo le photon. Malgré sa faible vitesse, le poids absolu du camion augmenterait encore plus l'élan du vélo, poussant efficacement le vélo dans la direction inverse. Lorsque vous mesurez la position d'un objet, vous obtenez un changement de momentum.

Il est problématique de visualiser le fait de ne pas savoir précisément où se trouve la particule à tout moment. Il peut sembler compréhensible que si une particule se trouve dans l'espace, nous puissions l'identifier comme étant positionnée. Contrairement à cela, le principe d'incertitude valide que ce n'est pas le cas. Cela est dû à la configuration ondulatoire de la particule. Une particule est détachée à travers l'espace, elle n'habite donc pas un endroit précis et solitaire mais plutôt plusieurs endroits. De même, comme une particule est constituée d'un ensemble d'ondes, chacune d'entre elles ayant sa propre quantité de mouvement, la quantité de mouvement d'une particule ne peut être délimitée que comme un spectre de quantité de mouvement.

Conformément au théorème de Broglie, une onde dont la position est parfaitement observable est déformée en un point solitaire dont la longueur d'onde est illimitée et dont la quantité de mouvement est donc indéterminée.

La même expérience supposée pourrait être réalisée avec le temps et l'énergie. Il faudra une durée incommensurable pour calculer avec précision l'énergie d'une onde, tandis que la mesure de l'occurrence précise d'une onde dans l'espace nécessitera un seul instant avec une énergie infinie.

L'opinion d'Heisenberg a une influence notable sur la manière dont les expériences sont préparées et dont les recherches sont menées. Prenons l'exemple de la détermination de la position ou de la quantité de mouvement d'une particule. Pour effectuer un calcul, vous devez vous interconnecter à la particule qui fait fluctuer les autres variables. Pour mesurer la position d'un électron, il faut une interconnexion entre l'électron et une autre particule, par exemple un photon. L'énergie de la particule suivante sera transmise à l'électron en cours de calcul, ce qui entraînera sa modification.

Une particule avec une longueur d'onde réduite et donc plus d'énergie serait souhaitée pour une mesure plus précise de la position de l'électron, mais cela modifierait davantage la quantité de mouvement tout au long de la collision. Les résultats d'une expérience sur le momentum auraient un impact comparable sur la position. Les expériences ne peuvent accumuler des données sur une variable solitaire à la durée qu'avec une certaine précision.

3.5 La mécanique ondulatoire de Schrödinger Schrödinger a formulé l'hypothèse de de Broglie sur le comportement ondulatoire de la matière sous une forme arithmétique permettant d'étudier un large éventail de complications physiques sans avoir à recourir à des suppositions supplémentaires arbitraires. Lorsque la longueur d'onde est insignifiante par rapport aux dimensions du dispositif utilisé, il s'est inspiré d'une formule mathématique de l'optique dans laquelle la diffusion en ligne droite des rayons lumineux peut être obtenue à partir du mouvement ondulatoire. En conséquence, Schrödinger entreprend de déterminer une équation d'onde pour une matière qui permettrait une propagation de type particule lorsque la longueur d'onde se contracte.

On pense que la particule est liée à une région spécifique de l'espace par le potentiel puisque son énergie E est insuffisante pour lui permettre de s'échapper. Puisque le potentiel varie en fonction de l'endroit, deux quantités supplémentaires le font également :

la quantité de mouvement et la longueur d'onde, et peuvent finalement être calculées par la relation de de Broglie.

En mécanique classique, l'équation de Schrodinger joue le rôle des lois de Newton et de la conservation de l'énergie, en prédisant le comportement potentiel d'un système à multiples facettes. Il s'agit d'un calcul ondulatoire en termes de fonction d'onde qui prévoit la probabilité d'événements ou de conséquences de manière systématique et précise. La conséquence précise n'est pas prédéterminée, mais l'équation de Schrodinger peut prévoir la circulation des résultats à condition que de nombreux événements soient exposés au départ.

Les énergies cinétique et potentielle sont réunies pour former la constante hamiltonienne, qui agit sur la fonction d'onde pour devenir une raison d'évoluer dans le temps et l'espace. L'équation de Schrodinger fournit les énergies quantifiées du système en plus de la construction de la fonction d'onde, ce qui permet de calculer d'autres propriétés.

Une fonction d'onde comprend les informations relatives à une particule subatomique. L'équation de Schrodinger est l'un des axiomes élémentaires enseignés dans les cours de physique de premier cycle.

Les électrons étant indiscernables, la fonction d'onde d'un atome comportant plus d'un électron doit répondre à certaines nécessités. En physique classique, le sujet des particules comparables ne se pose pas car les phénomènes peuvent toujours être déconnectés, du moins en théorie. Cependant, il n'y a aucun moyen de différencier deux électrons dans un atome similaire, et la fonction d'onde doit le caractériser. Les coordonnées de toutes les particules régissent la fonction d'onde complète d'un système de particules similaires.

Pour les atomes qui possèdent plus d'un électron, l'équation de Schrödinger ne peut être suivie avec précision. Les principes du calcul sont bien connus, mais les complications sont rendues plus problématiques par l'énorme somme de particules et la variété des forces impliquées. Les forces électrostatiques entre le noyau et les électrons et les forces magnétiques comparativement plus faibles résultant des mouvements orbitaux des électrons sont quelques-unes des autres forces en jeu.

Malgré ces rencontres, les approches d'approximation établies dans les années 1920 par le physicien Douglas Hartery et Vladimir Fock, entre autres, ont connu de nombreux succès. Ces systèmes ont commencé par supposer que, grâce au noyau et aux autres électrons, chaque électron se transfère de manière autosuffisante dans un champ électrique moyen. La théorie d'exclusion se contente de la fonction d'onde totale de tous les électrons de l'atome. Les énergies mesurées sont alors modifiées en fonction de la fréquence des interactions électron-électron et des puissances magnétiques.

3.6 Expérience de diffraction des électrons Dans sa thèse de doctorat en 1914, Louis de Broglie a fait une proposition courageuse et audacieuse : si le rayonnement électromagnétique peut être considéré à la fois comme une particule et une onde, alors peut-être que l'électron, qui avait été considéré comme une particule, pourrait également être considéré comme une onde. De Broglie a prévu que toutes les subdivisions ont un comportement ondulatoire avec une relation collective longueur d'onde-momentum fournie par "$\lambda = h/p$." La longueur d'onde est reconnue comme la longueur d'onde de de Broglie, et l'équation est reconnue comme la relation de de Broglie. Dans cette association, la quantité de mouvement est la quantité de mouvement relative, qui est préservée dans les collisions. Pour toutes les particules, la relation de de Broglie est vraie et facilement applicable. Il est essentiel de noter qu'elle est similaire à celle des photons. Les phénomènes de diffraction illustrent les propriétés des ondes. Comment est-il possible d'imaginer qu'un électron soit à la fois une onde et une particule ?

Dans cette expérience, vous examinerez la diffraction des électrons traversant une fine couche de graphite qui sert de réseau de diffraction. En 1912, Max Laue a prévu que la rugosité de base de la matière au niveau atomique pourrait fournir un réseau approprié pour les études sur les rayons X. Il s'agit d'un réseau de diffraction. Bragg a calculé les espacements interatomiques avec la disposition cubique du NaCl et a établi qu'ils étaient dans le bon ordre pour les rayons X.

Le tube de diffraction des électrons est composé d'un "canon" qui projette un faisceau étroit d'électrons dans une ampoule de verre transparent exilée avec un écran lumineux placé sur la surface avant. Une grille de nickel à micro-mailles distance l'ouverture de départ du canon, sur laquelle une couche très fine de graphite a été placée.

Le faisceau d'électrons se déplace à travers cette cible de graphite et est dévié en deux anneaux, dont les atomes de carbone sont séparés en nanomètres. Le graphite étant poly-cristallin, le dessin de la déviation donne l'impression de cercles. Une cathode chauffée accessoirement recouverte d'oxyde facilite la fondation du faisceau d'électrons.

Le graphite peut être poignardé par excès en raison de son

extrême finesse. Le but du graphite s'avère être enflammé et brille d'un rouge terne en raison de la surcharge de courant. Il est grave de continuer à regarder le courant anodique et de le maintenir en dessous de 0,25 mA. Utilisez un multimètre que vous pouvez tenir dans votre main. Vous constaterez peut-être que le courant reste bien en dessous de cette valeur estimée.

En utilisant une énorme ouverture d'objectif et plus de deux faisceaux sur le plan focal postérieur, il est probable de présenter des images de microscopie électronique. La microscopie électronique à haute résolution est le nom utilisé pour cette forme d'observation (HREM). L'image en contraste de phase est façonnée grâce aux nombreuses interférences des faisceaux. Le contraste de phase s'associe parfaitement au potentiel projeté d'un ensemble pour un spécimen mince et un environnement de microscope à compensation d'aberration.

La différence de phase pour un spécimen plus épais et des conditions moins prometteuses doit être calculée. Le HREM peut réaliser un modèle structurel grossier, qui peut ensuite être poli en utilisant la diffraction des rayons X ou des neutrons sur poudre avec des résolutions aussi élevées. L'application la plus utile de l'HREM consiste à remarquer les structures embrouillées ou défectueuses. Les autres méthodes sont impuissantes à percevoir ou à évaluer plusieurs des structures chaotiques.

Cela signifie également que les non-conformités négligeables par rapport à une structure moyenne produite par l'ordre, les distorsions organisationnelles ou les défauts ont une sensibilité élevée.

# 4

# Physique quantique et rôle des atomes

**4**.1 Hydrogène - L'atome le plus simple L'atome d'hydrogène est l'un des atomes les plus fondamentaux de l'univers. C'est l'endroit le plus approprié pour apprendre les bases des atomes et de la structure atomique. Un électron est une particule chargée négativement qui entoure un proton de charge positive dans un atome d'hydrogène. Une force de Coulomb attractive tire l'électron qui tourne autour du proton selon une trajectoire circulaire saine, conformément au modèle de Bohr. Comme le proton est environ 1800 fois plus grand que l'électron, il subit peu de changement sous l'influence de l'énergie de l'électron. C'est un processus assez similaire à celui du système solaire, dans lequel le Soleil reste constant en réponse à l'attraction gravitationnelle des planètes.

Niels Bohr, un physicien danois, a adopté le modèle planétaire de l'atome de Rutherford. Il a présenté sa théorie de l'atome de base, l'hydrogène, qui était basée sur le modèle de l'atome de Rutherford en 1913. Au fil des ans, de nombreuses questions se sont posées sur les caractéristiques des atomes. On a tout compris des atomes, de leur magnitude à leur spectre, mais peu de choses ont été élucidées en termes de règles physiques. La théorie de Bohr a simplifié le spectre atomique de l'hydrogène et a servi de catalyseur aux perceptions de la mécanique quantique largement applicables.

Selon la théorie de la quantification de l'énergie, les énergies des petits systèmes sont quantifiées. Pendant une centaine d'années, les spectres atomiques et moléculaires de libération et d'absorption ont été bien pensés pour être discrets. Comme Maxwell, les physiciens ont expliqué qu'il devait y avoir un assemblage entre le spectre d'un atome et sa construction, de façon similaire à la façon dont les instruments de musique ont des fréquences de résonance. Malgré les efforts de nombreux esprits brillants pendant de nombreuses années, personne n'a présenté de théorie pratique. (C'est devenu une blague que toute théorie des spectres atomiques et moléculaires pouvait être annulée en lui jetant un livre de données, car les spectres étaient compliqués). Le concept selon lequel les électrons dans les atomes ne peuvent exister que dans des orbites distinctes est apparu après qu'Einstein ait proposé que les photons avec des énergies quantifiées soient directement proportionnels à leurs longueurs d'onde.

Il était possible de formuler plusieurs formules qui pouvaient parfois expliquer les spectres d'émission. Le plus petit atome, l'hydrogène, avec son électron unique, a un spectre relativement simple, comme on pourrait l'imaginer. Les raies spectrales infrarouges (IR), visibles et ultraviolettes (UV) de l'hydrogène ont été observées sous la forme de plusieurs séries de raies spectrales. Ces séries ont été nommées d'après les premiers chercheurs qui ont effectué des recherches approfondies sur ces lignes spectrales.

En utilisant la base de la physique fondamentale, qui comprend le modèle planétaire de l'atome, et quelques nouvelles propositions intéressantes, Bohr a dérivé la formule du spectre de l'hydrogène. Selon lui, seules les orbites autorisées, appelées orbites quantifiées des électrons dans les atomes, sont autorisées. Chaque orbite a un niveau d'énergie différent, et les électrons peuvent absorber de l'énergie pour se déplacer vers une orbite supérieure ou émettre de l'énergie pour retomber sur une orbite inférieure. La somme de l'énergie absorbée ou libérée est quantifiée comme les orbites sont quantifiées, ce qui donne des spectres discrets. Les principales méthodes de déplacement de l'énergie à l'intérieur et à l'extérieur des atomes sont l'absorption et l'émission de photons. L'énergie des photons est quantifiée, et leur énergie est calculée comme le changement d'énergie de l'électron lorsqu'il passe d'une orbite à la suivante.

La différence d'énergie entre l'orbite initiale et l'orbite finale est E, et l'énergie du photon absorbé ou émis est hf. L'énergie est impliquée dans le déplacement des orbites, qui est cohérent. Pour monter sur une orbite supérieure, la navette spatiale, par exemple, a besoin d'une explosion d'énergie. En revanche, la quantification des orbites atomiques n'est pas prévue. Les satellites et les planètes peuvent avoir n'importe quelle orbite s'ils ont suffisamment de ressources.

Dans cette discussion, nous les utiliserons comme les

niveaux d'énergie autorisés de l'électron. L'état le plus bas ou état fondamental est représenté en bas du graphique, et les états excités se trouvent au-dessus. Il est possible de calculer les niveaux d'énergie d'un atome en utilisant les énergies des raies d'un spectre atomique. De nombreuses structures, dont les molécules et les noyaux, utilisent des diagrammes de niveaux d'énergie. En se basant sur la mécanique du système, une théorie de l'atome ou d'un autre système doit prédire ses énergies.

Bohr a formulé une méthode pour calculer l'énergie orbitale d'un électron dans l'hydrogène. Cette méthode a été modifiée depuis, mais elle mérite d'être répétée car elle décrit avec précision de nombreux aspects de l'hydrogène. Bohr a suggéré que le moment angulaire L d'un électron sur son orbite est quantifié, c'est-à-dire qu'il a des valeurs discrètes, en supposant des orbites circulaires. La formule élaborée par Bohr détermine la valeur de L. Nous allons maintenant déduire plusieurs propriétés essentielles de l'atome d'hydrogène sur la base des hypothèses de Bohr. La force de Coulomb est responsable de la force centripète qui contraint l'électron à suivre une trajectoire circulaire. Précisons que cet examen s'applique à tout atome à électron unique. Un atome de type hydrogène est décrit comme un noyau comportant Z protons (Z = 1 pour l'hydrogène, 2 pour l'hélium, etc.) et un seul électron. Les spectres des ions hydrogène sont similaires à ceux de l'hydrogène, mais en raison de la plus grande force d'attraction entre l'électron et le noyau, ils se déplacent vers une énergie plus élevée.

Les contributions de Bohr restent incontestées.

Il a non seulement contribué à l'explication du spectre de

l'hydrogène, mais il a également mesuré avec précision l'échelle de l'atome en utilisant la physique de base. Chacune de ses théories peut être appliquée à un large éventail de situations. Tous les atomes et molécules ont des énergies orbitales électroniques quantifiées. La magnitude du moment angulaire est quantifiée. Conformément aux prédictions classiques, les électrons ne traversent pas le noyau en spirale (les charges accélérées rayonnent, ce qui entraîne une désintégration rapide des orbites électroniques et le repos des électrons sur le noyau, conduisant à l'effondrement d'un atome). Ce sont des réalisations importantes.

Cependant, la théorie de Bohr présente certaines limites. Elle ne peut pas être appliquée aux atomes à plusieurs électrons, même s'ils sont aussi simples que l'hélium (atomes à deux électrons). Le modèle proposé par Bohr est qualifié de semiclassique. Les orbites sont quantifiées (non classiques), mais on suppose des trajectoires circulaires simples (classiques). Il est devenu évident, lorsque la mécanique quantique a évolué et a été élucidée, qu'il n'existe pas d'orbites bien définies. En observant attentivement, Bohr a découvert que certaines lignes spectrales sont des doublets (divisées en deux). Nous approfondirons ces aspects de la mécanique quantique plus tard, mais n'oubliez pas que les contributions de Bohr ne peuvent être considérées comme nulles ou non avenues. Au contraire, il a fait des pas importants vers la science, jetant les bases de toute la physique atomique ultérieure.

Bien que le modèle de l'atome d'hydrogène de Bohr soit basé sur le modèle planétaire, il a ajouté une autre hypothèse concernant les électrons. Et si la structure électronique de l'atome était quantifiée ? Selon Bohr, il était possible que les électrons n'orbitent autour du noyau que dans des orbites ou des coquilles uniques avec un rayon fixe.

En termes de structure électronique, Bohr a défini avec précision les processus d'absorption et d'émission. Selon le modèle de Bohr, l'électron peut consommer de l'énergie dans des photons pour s'exciter et atteindre un niveau d'énergie plus élevé si l'énergie du photon était égale à la différence d'énergie entre les niveaux d'énergie initial et final. L'électron excité serait dans la position la moins stable après avoir sauté à un niveau d'énergie plus élevé (également connu sous le nom d'état excité), donc pour se stabiliser, il émettrait facilement un photon pour revenir à un niveau inférieur.

Le modèle de Bohr était idéal pour décrire l'atome d'hydrogène et d'autres structures à électron unique. Malheureusement, lorsqu'il a été appliqué aux spectres d'atomes plus complexes, il n'a pas donné les résultats escomptés. Le modèle de Bohr ne permettait pas d'expliquer pourquoi certaines lignes spectrales sont plus excitées que d'autres ou pourquoi certaines lignes spectrales se décomposent en plusieurs lignes en présence d'un champ magnétique (l'effet Zeeman).

Dans les années qui ont suivi cette découverte, des scientifiques tels qu'Erwin Schrödinger ont démontré que les électrons se comportaient à la fois comme des ondes et comme des particules. Selon le principe d'incertitude d'Heisenberg, il est impossible de connaître simultanément la position d'un électron dans l'espace et sa vitesse. Le principe d'incertitude contredit le concept de Bohr selon lequel les électrons vivent sur des orbites fixes de vitesse et de rayon définis. Nous ne pouvons que déterminer les chances de trouver des électrons dans une certaine région de l'espace autour du noyau.

Si le modèle moderne de la mécanique quantique peut sembler être un bond en avant par rapport au modèle de Bohr, le concept central global reste le même, la physique classique ne pouvant expliquer tous les phénomènes au niveau atomique. En intégrant le concept de quantification dans la structure électronique de l'atome d'hydrogène, Bohr a démontré pour la première fois les spectres d'émission de l'hydrogène et d'autres systèmes à un électron.

4.2 Fonctions d'onde et transitions En mécanique quantique, une fonction d'onde est une représentation arithmétique de l'état d'un système quantique inaccessible. Une telle fonction d'onde est une amplitude de probabilité à valeurs complexes à partir de laquelle on peut calculer les probabilités des résultats potentiels des mesures d'un dispositif. Les lettres grecques sont les symboles les plus célèbres des fonctions d'onde.

Il s'agit d'une fonction de degrés de liberté qui correspond à un nombre maximal d'observables correspondants. Une telle fonction d'onde peut être déduite de l'état du quantum une fois qu'une telle représentation est choisie.

La possibilité de commuter les niveaux d'autonomie à utiliser pour un système n'est pas exclusive, et la sphère de la fonction d'onde ne l'est pas non plus. Il pourrait s'agir de la coordination de l'emplacement de toutes les particules dans l'espace d'emplacement ou des momentums de toutes les substances dans l'espace de momentum. Cependant, les deux sont liés par une transformée de Fourier. Les particules à spin non nul, comme les protons et les électrons, ont une fonction d'onde qui inclut le spin en tant que liberté distincte sous-jacente. Cependant, d'autres quantités variables distinctes, telles que l'isospin, peuvent également être utilisées à la place. Si un processus possède des degrés d'autonomie intérieurs, la fonction d'onde attribue un nombre à facettes multiples à chaque charge potentielle des degrés d'autonomie distincts en chaque point.

Selon la théorie des superpositions de la mécanique quantique, les fonctions d'onde peuvent être additionnées, puis multipliées par des nombres composés pour obtenir des fonctions d'onde innovantes. Le produit interne d'un couple de fonctions d'onde calcule la superposition entre les états respectifs. Il est utilisé dans la loi de Born, qui relie les probabilités de transition aux produits internes dans l'interprétation probabiliste fondamentale de la mécanique quantique. Cela donne naissance à la dualité onde-particule et explique le terme "fonction d'onde". En mécanique quantique, la fonction d'onde caractérise un phénomène physique radicalement différent de celui des ondes mécaniques classiques et fait encore l'objet de différentes interprétations.

Les équations d'onde sont importantes.

Dans certains cas, l'équation de Schrödinger et l'équation de Pauli sont d'excellentes approximations des versions relativistes. Dans les problèmes pratiques, elles sont beaucoup plus simples à résoudre que leurs équivalents relativistes. Bien que relativistes, l'équation de Dirac et l'équation de Klein-Gordon ne reflètent pas une compréhension complète de la physique quantique et de la relativité spécifique. Bien que la mécanique quantique relativiste, une branche de la physique quantique qui étudie ces équations de la même manière que l'équation donnée par Schrodinger, soit très bonne, elle a ses limites et ses difficultés théoriques.

Le nombre total de particules dans un système ne peut jamais être constant en raison de la relativité. La théorie quantique est souhaitable pour une compréhension globale. Les équations et fonctions des ondes sont toujours présentes dans cette théorie, mais sous une forme différente. Sur l'espace de Hilbert des états, les principales substances d'attention sont les opérateurs, également appelés opérateurs de champ. Les opérateurs de champ libre, lorsqu'on pense que les connexions sont absentes, s'avèrent satisfaire l'équation identique à celle des champs.

Le module d'une telle fonction est un nombre réel considéré comme la densité possible de calcul d'une particule en un lieu et à un moment précis. Il peut avoir certaines valeurs pour des niveaux de liberté distincts dans le savoir-faire arithmétique de Born de la mécanique quantique non relativiste. Selon l'interprétation possible, l'intégrale de ce nombre global des degrés d'autonomie du système doit être égale à 1. La condition de normalisation est une condition préalable universelle que doit rencontrer une fonction d'onde.

4.3 La structure des atomes lourds Si une particule lourde entre en collision avec une surface, on s'attend à ce que la distribution angulaire dispersée suive la mécanique classique. La masse lourde garantit généralement que la longueur de cohérence de la particule incidente vers la propagation (la direction parallèle) est beaucoup plus courte que la longueur de réseau caractéristique de la surface, ce qui donne une définition classique. Des travaux récents sur l'interférométrie moléculaire ont montré qu'une collimation intense du faisceau produit une période de cohérence perpendiculaire suffisamment longue pour observer l'interférence d'espèces très lourdes se déplaçant à travers un réseau. Nous démontrons que le même effet conduit à la diffraction quantique de particules lourdes entrant en collision avec une surface en utilisant des simulations de mécanique quantique. L'effet n'est pas affecté par l'énergie incidente, l'angle d'incidence ou la masse de la particule.

La dualité onde-particule est un élément de base de la mécanique quantique. Estermann et Stern ont démontré cette dualité de manière convaincante il y a 80 ans lorsqu'ils ont annoncé la première observation de la diffraction atomique d'atomes de He dispersés à partir d'une surface de LiF. Williams a dû attendre 40 ans pour tester la diffusion diffractive de Ne à partir de LiF. Rieder et Stocker ont présenté des preuves supplémentaires de la diffraction du Ne dans des expériences de diffusion ultérieures sur des surfaces métalliques à faible indice.

Lorsque Schweizer et Rettner ont annoncé la première observation de la diffusion diffractive de Ar à partir d'une surface de tungstène recouverte d'hydrogène, ils ont encore progressé. Mais les pics de diffraction n'ont été observés que pour de faibles énergies de diffusion et se sont superposés à un large fond d'atomes d'Ar diffusés "classiquement". Plus de dix ans plus tard, Andersson a découvert des pics de diffraction beaucoup plus nets pour la diffusion d'Ar et de Kr à partir d'une surface de Cu(111), étant donné que la température de la surface était basse (10 K), que l'énergie incidente du faisceau était faible et que l'angle d'incidence était élevé. La diffraction dans les distributions de diffusion élastique de N2, O2 et méthane a également été observée dans des conditions expérimentales similaires et avec un faisceau moléculaire collimaté à 0,1 près.

Selon Comsa, la découverte de la diffraction atomique était due à une particule unique interagissant avec elle-même, et la diffraction doit être observée si la longueur de cohérence de la particule incidente est supérieure à la longueur du réseau. Cependant, ces idées n'ont pas été approfondies, et la distribution angulaire habituellement expérimentée est bien représentée par la diffusion mécanique classique de l'arc-en-ciel.

De la même manière, des progrès substantiels ont été réalisés dans l'observation de la diffraction des atomes lourds et des molécules diffusés par des réseaux nanométriques, en particulier au cours des 15 dernières années. L'optique et l'interférométrie des atomes et des molécules sont actuellement considérées comme un domaine de recherche très actif. La figure d'interférence calculée par Arndt et ses collègues pour la molécule de fullerène (C60) diffusée par un réseau en est un exemple frappant. Ils ont réduit l'incertitude de la force perpendiculaire à la direction de propagation (la direction transversale) d'un faisceau moléculaire de fullerènes de sorte que la longueur de cohérence transversale du centre de masse de la molécule devienne supérieure à la taille du réseau en utilisant soigneusement la sélection de la vitesse et les fentes de collimation. Ils ont alors pu observer le motif de diffraction à double fente caractéristique des molécules de fullerène lorsqu'elles traversaient le réseau. Ces expériences ont permis d'observer l'interaction d'autres grandes molécules organiques.

Le thème central de cet article est de remplacer le réseau à l'échelle de 100 nm par le "réseau" naturel des surfaces, où la longueur normale du réseau d'une surface métallique, semiconductrice ou inorganique est de l'ordre de 0,5-1 nm. Pour détecter la diffraction d'atomes et de molécules lourds dispersés à partir de surfaces, il faudrait pouvoir utiliser les méthodes de sélection et de collimation de la vitesse utilisées dans les expériences précédentes pour créer des faisceaux atomiques et moléculaires dont la longueur de cohérence transversale est de l'ordre de 1 nm ou plus. Les diagrammes de diffraction fournissent le résultat qui peut être obtenu à presque n'importe quel angle de diffusion incident et pour une large gamme d'énergies incidentes. L'"échelle du réseau" n'étant que de 1 nm, la perte extrême de signal causée par la collimation du faisceau incident est réduite de quatre ordres de grandeur par rapport à un réseau de 100 nm.

La mesure du diagramme de diffraction pourrait également révéler des connaissances sur une autre propriété quantique fondamentale de la matière, à savoir les fluctuations de l'énergie du point zéro à basse température des surfaces. La température de la surface influence le schéma de diffraction des particules lourdes. Si la température est trop élevée, les fluctuations de surface brouillent le schéma de diffraction et la structure classique de diffusion en arc-en-ciel apparaît. Les pics de diffraction apparaissent lorsque la température est suffisamment basse pour que les fluctuations thermiques des atomes de surface ne détruisent pas la cohérence du faisceau incident. La structure de diffraction est une sonde sensible de la force de contact (coefficient de friction) du projectile lourd avec les phonons de la surface.

Enfin, l'analyse de la distribution bidimensionnelle de la quantité de mouvement finale du faisceau diffusé montre que la courte durée de cohérence du faisceau incident dans la direction parallèle est observée comme un maculage de la figure de diffraction dans une seule direction. Avec le schéma de diffraction bidimensionnel, lorsque la longueur de cohérence du faisceau incident dépasse la longueur du réseau dans les deux directions, seul un schéma de diffraction unidimensionnel représentant la longue longueur de cohérence dans la direction perpendiculaire est observé à la place.

Nous avons montré que la collimation d'un faisceau d'atomes dans la direction transversale provoque un diagramme de diffraction distinct à l'aide de modèles de calcul. Même si la masse de l'atome est élevée et que la longueur d'onde normale de de Broglie associée au faisceau est de l'ordre du picomètre, la diffraction est observée quels que soient l'angle et l'énergie d'incidence. Cela montre que dans des conditions expérimentales beaucoup moins extrêmes que celles nécessaires à la diffusion cohérente à travers des réseaux de 100 nm, la diffraction de particules lourdes dans la diffusion d'atomes et de molécules à partir de surfaces devrait être visible. D'autre part, la décohérence due aux collisions de surface serait plus élevée que lors de la traversée d'un réseau. La décohérence peut être induite par des interactions avec les modes de surface et des échanges d'énergie entre les degrés de liberté internes.

Les données expérimentales disponibles pour ce cas se sont concentrées sur la diffusion de l'Ar dans cet article, ce qui nous fournit un modèle raisonnable et une prédiction que d'autres expériences peuvent facilement confirmer. Même si la température de la surface est faible, les effets inélastiques deviendront plus importants au fur et à mesure que la masse des diffusions augmente. Cependant, la diffraction de Kr a été observée, ce qui suggère que la décohérence induite par la diffusion inélastique n'est pas un obstacle insurmontable à la diffraction des atomes lourds. L'observation de cette décohérence peut révéler des informations importantes sur les modes internes de la molécule et les fluctuations de surface qui la déclenchent. Ces sujets font partie d'un projet de recherche plus large.

# 5

# La physique quantique dans le monde moderne

**5**.1 L'importance de la physique quantique dans le monde moderne Le problème est que la mécanique quantique tend à remettre en cause des idéologies de bon sens comme la causalité, le voisinage et le réalisme. Par exemple, le réalisme nous fait croire que la lune existe même si nous ne la regardons pas. La loi de la causalité explique et veut nous faire croire que la lampe s'allumera si nous actionnons un interrupteur. Dans le monde quantique, en revanche, ces notions font défaut. L'exemple le plus connu est l'intrication quantique, selon laquelle des particules situées à l'opposé de l'univers peuvent être essentiellement liées, ce qui leur permet de donner et de prendre des informations instantanément. C'est un principe qu'Einstein a présenté.

Néanmoins, le physicien John Bell a démontré en 1964 que la physique quantique était une théorie complète et praticable. Ses observations, connues aujourd'hui sous le nom de théorème de Bell, ont démontré que les propriétés quantiques telles que l'intrication sont aussi vraies que la lune, et aujourd'hui, les comportements étranges des systèmes quantiques sont reliés pour de nombreuses applications pratiques.

Des horloges d'une excellente précision La vie moderne est une question de gestion du temps, car nous vivons désormais dans un monde où tout va très vite. Notre univers technique est harmonisé par des horloges, qui permettent de synchroniser des éléments tels que les marchés boursiers et les systèmes de positionnement global. Le "tic-tac" des horloges démodées est formé par les oscillations fréquentes de substances physiques telles que les pendules ou les cristaux de quartz. Aujourd'hui, les horloges les plus précises du monde, les horloges atomiques, calculent le temps grâce aux perceptions de la théorie quantique. Elles gardent une trace de la fréquence de rayonnement particulière qui permet aux électrons de se déplacer parmi les niveaux d'énergie. Tous les 3,5 milliards d'années, l'horloge à logique quantique de l'Institut national américain des normes et de la technologie, situé dans le Colorado, perd ou gagne une seconde. L'horloge du NIST Sr, qui a été lancée au début de cette année, sera aussi précise pendant 5 milliards d'années, ce qui est plus long que la période actuelle de la Terre. Les télécommunications, la navigation GPS et les graphiques bénéficient tous d'horloges atomiques aussi sensibles.

La quantité totale d'atomes dans les horloges atomiques subventionne leur précision. Chaque atome, qui est stocké dans une chambre à vide, calcule le temps de manière autonome et conserve la trace des disparités locales aléatoires entre lui et ses voisins. Les scientifiques peuvent produire une horloge atomique dix fois plus précise en y incluant 100 fois plus d'atomes, mais il existe une limite au nombre d'atomes qu'ils peuvent inclure. Le prochain objectif principal des chercheurs est d'utiliser l'intrication pour améliorer la précision avec succès. Les atomes intriqués ne s'inquiéteront pas autant des divergences locales et se concentreront plutôt sur le calcul du temps qui passe, les unissant comme un pendule solitaire. Cela signifie qu'une horloge enchevêtrée comportant 100 fois plus d'atomes sera cent fois plus précise. De nombreuses autres horloges enchevêtrées pourraient être associées pour former un réseau mondial qui calcule le temps malgré le lieu.

Des codes impossibles à casser Le codage traditionnel repose sur des clés : le correspondant chiffre les données avec une clé, et le récepteur les décode avec une autre. Néanmoins, éradiquer le risque d'un espion ou d'une faille de sécurité est stimulant, et les clés peuvent être négociées. Il est possible de remédier à ce problème en attribuant des clés quantiques potentiellement indestructibles. Des particules de lumière arbitrairement polarisées sont utilisées pour faire référence aux informations relatives à la clé dans le QKD. Cela limite le photon à un plan solitaire de tremblement, par exemple de haut en bas ou de gauche à droite. Le récepteur interprétera la clé à l'aide de filtres polarisés jusqu'à chiffrer effectivement un message avec une procédure choisie. Les données dissimulées sont toujours envoyées sur des systèmes de communication invariables, mais seuls ceux qui possèdent la clé quantique précise peuvent les décoder. Cela est complexe car les règles quantiques commandent que l'analyse des photons polarisés modifie souvent leurs états, signalant ainsi une violation de la sécurité aux communicateurs.

La QKD est désormais utilisée par des entreprises, notamment pour construire des réseaux ultra-sécurisés. Lors d'une votation en 2007, la Suisse a utilisé un produit de reconnaissance d'identité pour inclure un système de vote inviolable. En Autriche, le premier transfert bancaire utilisant le QKD enchevêtré a eu lieu en 2004. Comme les photons sont enchevêtrés, toute altération de leur état quantique par des imposteurs sera rapidement évidente pour quiconque observe les particules porteuses de la clé. Un tel dispositif promet d'être extrêmement sûr. Néanmoins, cette machine n'est pas encore assez performante pour couvrir de grandes distances. Les photons enchevêtrés ont été diffusés sur une distance maximale de 88 miles.

Des ordinateurs aux capacités de traitement extrêmement élevées L'information est stockée dans un ordinateur sous la forme d'une chaîne de chiffres binaires. Comme les ordinateurs quantiques utilisent des bits quantiques, également appelés qubits, qui se maintiennent dans une superposition d'états jusqu'à ce qu'ils soient calculés, les qubits peuvent être à la fois "1" et "0" au même moment jusqu'à ce qu'ils soient mesurés.

Si ce secteur n'en est encore qu'à ses débuts, il a fait des pas dans la bonne direction. D-Wave Systems a annoncé le D-Wave One, un superordinateur de 128 qubits en 2011, et le D-Wave Two de 512 qubits un an plus tard. Il s'agit des premiers ordinateurs quantiques au monde pouvant être obtenus commercialement, selon l'entreprise. Ce désaccord a néanmoins été accueilli avec cynisme car il est indécis de savoir si les ondes D-qubit sont intriquées. L'intrication a été exposée dans un petit sous-ensemble de qubits de l'ordinateur, selon une enquête publiée dans les premiers jours.

Un microscope plus puissant Grâce à une méthode connue sous le nom de microscopie différentielle à interférence dissimilaire, une équipe de chercheurs de l'université japonaise d'Hokkaido a mis au point le premier microscope à intrication renforcée au monde. Ce microscope projette deux faisceaux de photons sur un solide et teste le modèle d'interférence des faisceaux reproduits, qui diffère selon qu'ils attaquent une surface lisse ou irrégulière. Étant donné que la mesure d'un photon enchevêtré fournit des informations sur son compagnon, l'utilisation de photons enchevêtrés permet d'augmenter les données que le microscope optique peut obtenir.

Les interféromètres, qui superposent des ondes lumineuses dissemblables pour mieux examiner leurs propriétés, pourraient bénéficier de techniques comparables pour accroître la résolution. Les interféromètres sont utilisés pour explorer les planètes solaires, examiner les étoiles environnantes et rechercher les ondes gravitationnelles, qui sont des ondes dans l'espace-temps.

Boussole biologique Les animaux, et les humains, utilisent la mécanique quantique. Selon une proposition, des oiseaux comme le merle d'Europe se servent de cette activité terrifiante pour conserver la trace de leur déplacement. La méthode utilise le cryptochrome, une protéine sensible à la lumière qui peut englober des électrons enchevêtrés. Lorsque les photons frappent les particules de cryptochrome dans l'œil, ils peuvent produire suffisamment d'énergie pour les séparer, créant ainsi deux molécules sensibles avec des électrons non appariés mais toujours enchevêtrés. La durée totale de ces radicaux cryptochromes est inclinée par le champ magnétique adjacent à l'oiseau. Les radicaux enchevêtrés sont censés rendre les cellules de la cornée de l'oiseau extrêmement sensibles, permettant aux animaux de percevoir efficacement une carte magnétique positionnée sur les molécules.

Néanmoins, ce processus n'est pas compris, et il a été précisé que la compassion magnétique des oiseaux est due à de minuscules cristaux de minéraux magnétiques dans leur bec. Si l'intrication est à l'œuvre, les études montrent que l'état délicat dans l'œil d'un oiseau doit durer beaucoup plus longtemps que dans les meilleurs systèmes non naturels. Certains lézards, insectes et même d'autres animaux peuvent utiliser la boussole magnétique. Par exemple, un type de cryptochrome qui est utilisé pour la navigation magnétique chez les mouches a été mis en évidence dans l'œil humain, bien qu'il ne soit pas défini s'il est ou a été utilisé à cette fin.

La physique quantique est peut-être la plus grande réalisation intellectuelle de l'histoire de l'humanité, mais elle semble à la plupart des gens trop lointaine et trop intellectuelle pour avoir de l'importance. Il s'agit d'une torsion auto-infligée par les physiciens et par les rédacteurs scientifiques en général. Lorsque nous exprimons la physique quantique, nous mettons généralement en évidence les mécanismes étranges et contre-intuitifs. Ces phénomènes sont motivants parce qu'ils sont exclusifs, mais les étudier en laboratoire nécessite de séparer des systèmes quantiques très simples, et il est problématique de percevoir un quelconque lien entre eux et la vie normale.

La science quantique est omniprésente autour de nous. L'univers tel que nous le reconnaissons est régi par des lois quantiques, et si la physique classique qui s'élève lorsque la physique quantique est appliquée à un grand nombre de subdivisions semble être légèrement différente. Les incidences quantiques sont à l'origine de nombreux phénomènes quotidiens. Vous trouverez ci-dessous quelques exemples de phénomènes quantiques que vous êtes susceptible de rencontrer dans votre vie quotidienne sans vous en rendre compte.

Les grille-pain Les grille-pain sont des gadgets utilisés pour griller le pain. La plupart d'entre nous connaissent la lueur rouge d'un dispositif de chauffage lorsque nous grillons une tranche de pain. C'est également l'origine de la mécanique quantique. La physique quantique a été avancée pour résoudre le problème de savoir pourquoi les objets chauds émettent une certaine lueur de couleur rouge.

La couleur de la lumière émise par un objet chaud est un exemple de la merveille élémentaire et universelle qu'affectionnent les physiciens théoriques : peu importe de quoi est fait un objet, il peut supporter ou non d'être chauffé à une certaine température. À la fin des années 1800, ce comportement répandu a attiré de nombreux physiciens très optimistes, mais aucun n'a résolu le problème.

La lumière étant sans prétention de par sa composition, une solution de base mondiale a été préconisée : On additionne toutes les couleurs de lumière qu'un objet peut produire et on donne à chacune une part équivalente de l'énergie thermique qu'elle comprend. Le problème est qu'il existe beaucoup plus de façons de produire de la lumière à haute fréquence que de la lumière à basse fréquence, ce qui signifie que votre grille-pain devrait projeter des rayons X et des rayons gamma dans toute la cuisine au lieu d'une agréable lueur rouge et chaude. En réalité, ce n'est pas ce qui se passe lorsque nous essayons de griller une tranche de pain, ce qui signifie que les scientifiques se sont trompés dans leurs suggestions initiales.

Max Planck a expliqué ce problème lorsqu'il a préconisé "l'hypothèse quantique", qui soutient que la lumière ne peut être non confinée que dans des morceaux d'énergie discrets. Ce quantum d'énergie est plus grand que l'énergie thermique attribuée à cette fréquence pour le rayonnement haute fréquence, car aucune lumière n'est libérée à cette fréquence. La lumière à haute fréquence est donc arrêtée, ce qui donne une formule qui correspond au spectre de la lumière produite par les objets chauds.

Les ampoules fluorescentes Les ampoules fluorescentes produisent de la lumière en chauffant une partie du fil s'il produit une lueur blanche brillante, les interprétant de manière quantique de la même manière qu'un grille-pain. Si vous avez des ampoules fluorescentes à proximité, vous recevez de la lumière grâce à un processus quantique révolutionnaire.

Les physiciens ont révélé que chaque élément du tableau périodique a son spectre. Lorsque les atomes sont chauffés, ils produisent de la lumière à quelques longueurs d'onde différentes, avec un schéma différent pour chaque élément. Ces lignes spectrales ont été utilisées pour régler la configuration de matériaux non identifiés et déterminer l'existence d'éléments autrefois inconnus - l'hélium, par exemple, a été révélé comme une ligne spectrale autrefois non identifiée dans la lumière du soleil.

Bien que cette méthode soit incontestablement efficace, personne n'a pu l'élucider jusqu'à ce que Niels Bohr annonce le premier modèle quantique d'un atome en 1913, basé sur l'idée quantique de Planck. Bohr avait prévu qu'un électron graviterait heureusement autour du noyau d'un atome dans ces états supérieurs et que les atomes ne fascinent et ne produisent de la lumière que lorsqu'ils passent par ces états. De la manière anticipée par Planck, la fréquence de la lumière captée ou émise est déterminée par l'altération de l'énergie entre les états, ce qui aboutit à un ensemble de fréquences dissemblables pour tout atome.

Il s'agissait d'un concept révolutionnaire, mais il a fonctionné intensément pour désigner le spectre de la lumière formée par l'hydrogène, et les rayons X déchargés par une grande diversité de composants, et la mécanique quantique était déjà en marche. Bien que les connaissances actuelles sur ce qui se passe à l'intérieur d'un atome fluctuent fortement par rapport au modèle original de Bohr, le principe élémentaire reste le même :

les électrons se déplacent dans des états inhabituels au sein des atomes en captant et en libérant la lumière de fréquences exclusives.

L'éclairage fluorescent repose sur le principe suivant : un peu de vapeur de mercure est transformée en plasma à l'intérieur d'une ampoule fluorescente. Le mercure produit de la lumière à des longueurs d'onde principalement mesurables dans le spectre visible, ce qui induit notre esprit en erreur en lui faisant croire que la lumière est blanche. Lorsque vous voyez une ampoule fluorescente à travers un réseau de diffraction, vous pouvez reconnaître quelques images colorées discrètes de l'ampoule, alors qu'une ampoule à incandescence génère une tache arc-en-ciel continue.

Cela signifie que, chaque fois que vous voyez une ampoule fluorescente vous donner de la lumière dans vos maisons ou vos bureaux, vous devez être reconnaissant à la physique quantique d'avoir apporté une révolution dans nos vies.

Les ordinateurs sont utilisés pour : Même si le modèle quantique de Bohr était incontestablement utile, il ne s'accompagnait pas d'une explication physique des raisons pour lesquelles les électrons dans les atomes devaient avoir des états inhabituels. Il a fallu attendre près d'une décennie pour que cela se produise, mais une fois que cela s'est produit, on a jeté les bases de la révolution technique la plus importante du siècle dernier.

Louis de Broglie, un étudiant français issu d'une éducation noble, est à l'origine de l'impression fondamentale qui a présenté une base physique pour les états d'énergie particuliers de Bohr. Il prévoyait que, tout comme Planck et Einstein avaient introduit une existence de type particule pour les ondes lumineuses, les particules comme les électrons pourraient avoir un comportement ondulatoire conforme. Lorsque vous attribuez aux électrons une longueur d'onde qui repose sur leur momentum, vous trouverez des orbites d'ondes stationnaires dans lesquelles l'onde de l'électron termine un nombre entier de vacillations alors qu'elle permet de tourner autour du noyau, et celles-ci ont les énergies exactes des états spéciaux de Bohr dans l'hydrogène.

Cette action ondulatoire peut être calculée de manière explicite, et elle a été réalisée rapidement aux États-Unis et au Royaume-Uni. Erwin Schrödinger a établi son équation d'onde pour réfléchir à ces ondes et, dès lors, l'un des principaux ajouts à l'ensemble de la théorie moderne de la mécanique quantique.

Notre connaissance de la manière dont les électrons réussissent à traverser les matériaux a été transformée de manière significative par leur nature ondulatoire, contribuant ainsi à notre compréhension actuelle des bandes d'énergie et des bandes interdites au sein de ces matériaux. Nous pouvons utiliser cette physique pour contrôler les propriétés électriques des dispositifs semi-conducteurs. Nous pouvons générer de minuscules transistors qui traitent les bits élémentaires utilisés pour traiter les informations numériques en projetant ensemble des bits de silicium avec le mélange précis d'autres composants.

Ainsi, chaque fois que vous allumez votre ordinateur, vous profitez de l'existence des ondes des électrons et de leur pouvoir inégalé sur les matériaux. Ce n'est peut-être pas l'ordinateur quantique le plus tendance, mais la physique quantique est obligatoire pour que tout ordinateur moderne fonctionne correctement.

5.2 La physique quantique et la science des matériaux La mécanique quantique ne sera pas souhaitée dans de nombreuses situations quotidiennes par les ingénieurs. Ils peuvent être en train de dessiner une illustration de circuit ou un dessin de module mécanique, auquel cas aucune information sur la théorie quantique n'est souhaitable.

Prenons l'exemple d'un schéma de circuit. Oui, cela n'exigerait pas l'utilisation de la mécanique quantique. La mécanique quantique est souhaitable pour comprendre pourquoi le silicium est utilisé dans les transistors. Si vous vous êtes déjà demandé pourquoi la loi d'Ohm, $V=IR$, est telle qu'elle est, la réponse se trouve dans la mécanique quantique.

En toute certitude, si vous vous demandez comment fonctionne un transistor, vous construirez une réponse sur la mécanique quantique. Par exemple, pourquoi le courant circule-t-il de la source au drain dans un FET ? Vous pensez probablement que c'est à cause du champ sur la grille. Il y a en permanence des champs atomiques microscopiques partout jusqu'à ce qu'une tension de grille soit appliquée, mais le courant ne circule pas. On peut donc dire que c'est parce que le flux de courant n'est produit que par des champs macroscopiques. La réponse est non, car si une jonction p-n a une section macroscopique, il n'y a pas de flux de courant disponible. La diffusion des porteurs forme finalement un potentiel intégré qui arrête toute diffusion supplémentaire de porteurs.

En raison des forces contradictoires des potentiels chimiques de chaque côté du tube, une tension affecte le potentiel chimique de chaque côté du réseau, permettant aux états électroniques avec des énergies au milieu des deux potentiels d'être continuellement remplis et épuisés. La densité d'états, qui définit la statistique de Fermi-Dirac suivie par un gaz d'électrons, régit cette interaction. Ces deux théories sont fondées sur la mécanique quantique.

On pourrait donc objecter que c'est bien que quelqu'un ait calculé ces clarifications de la mécanique quantique pour le fonctionnement des transistors, mais que l'on peut s'y fier et poursuivre ses activités comme si de rien n'était sans penser aux impacts quantiques puisqu'ils ont été calculés. L'une des raisons pour lesquelles les circuits ont évolué plus rapidement au fil du temps est que les transistors sont devenus plus petits. Plus ils sont petits, plus les impacts mécaniques quantiques doivent être pris en compte dans leur conception. C'est pourquoi la compréhension des effets quantiques est si importante dans ce domaine.

Les scientifiques des matériaux font des efforts dans divers domaines et dans celui des dispositifs à semi-conducteurs. Ce qui précède devrait permettre de comprendre pourquoi un scientifique des matériaux doit tenir compte de la mécanique quantique.

De même, l'ancienne version de la science des matériaux n'est pas non plus à l'abri de la théorie quantique. De nombreuses qualités des métaux, telles que la conduction thermique et électrique, les propriétés visuelles et le comportement magnétique, relèvent de la mécanique quantique par classification. Avec un léger soutien de la mécanique quantique, la thermodynamique arithmétique est utilisée pour calculer les disséminations à l'équilibre des défauts ponctuels dans les métaux.

La mécanique quantique permet une compréhension vitale du mécanisme des matériaux au niveau essentiel. C'est pourquoi elle est impérative. Dans les études modernes sur la science des matériaux, les sujets tournent autour de la détermination des dommages causés par le bombardement de particules chargées à haute énergie sur des alliages bien ordonnés, par une première approximation de leurs profondeurs de dispersion à l'aide d'une imitation de la dynamique moléculaire, qui s'appuie fortement sur la mécanique quantique. Il ne s'agit pas d'un autre projet scientifique hypothétique. Il a produit des données susceptibles d'établir les matériaux des réacteurs nucléaires.

Sans le principe de mécanique quantique caractéristique des modèles de dynamique moléculaire, on n'aurait pas su où chercher les dommages microstructurels dans les échantillons exposés. Néanmoins, avec cette connaissance, il était modeste d'autoriser que les répliques de la dynamique moléculaire correspondent étroitement aux découvertes expérimentales, représentant une fois de plus la force de la théorie quantique.

Les propriétés des structures comportant de nombreux constituants ne sont pas toujours liées aux propriétés des composants distincts. Pendant des décennies, les gens ont reconnu que le bronze est beaucoup plus résistant que ses constituants, et sa croissance a accompagné l'avènement de la société urbaine. Des structures plus multiformes, connues sous le nom de matériaux quantiques, sont encore plus fascinantes, car elles offrent un terrain fertile pour la physique quantique innovante, qui est à l'origine d'une grande partie de la science des matériaux contemporaine.

De nouveaux stades apparaissent dans les cristaux qui intègrent de nombreux composants et présentent des qualités électroniques et magnétiques radicales. La supraconductivité à haute température en est un exemple courant, où les démonstrations de principe ont surpris la communauté des physiciens il y a trente ans, mais où les mises en œuvre commercialisables ne sont apparues que récemment. Les matériaux quantiques d'ingénierie, tels que ceux formés de nanostructures métalliques ou d'éléments supraconducteurs, peuvent avoir des qualités qui n'existent pas dans la nature, comme des connexions lumière-matière extrêmement fortes. Les photons n'interagissent généralement pas entre eux lorsque la matière est présente. Mais en utilisant de la matière nano-structurée, la décharge de la matière peut être augmentée.

La compréhension essentielle de nombreux processus biologiques et chimiques est fournie par la théorie quantique, qui guide les nouveaux matériaux. Lorsque la jauge du système se situe à mi-chemin entre le microscopique et le macroscopique, de nouveaux mécanismes apparaissent. Par exemple, le déplacement d'un électron exige la fourniture d'une énergie de charge. En conséquence, les propriétés photoniques et électroniques changent. Les nanosystèmes ont maintenant un contrôle si fort qu'ils peuvent être utilisés comme des investigations critiques pour la nouvelle physique. Les nouvelles commandes ne cesseront de gagner en réputation, tout comme les ordinateurs seront bientôt pressentis pour compter les électrons.

Les méthodes de fabrication contemporaines, qui sont principalement alimentées par la physique de l'état solide, nous permettent de générer de nouvelles procédures de matériaux quantiques aux propriétés étonnantes, comme les métamatériaux. Ceux-ci sont bien connus du grand public pour leur aptitude à concurrencer les capes d'invisibilité en théorie, mais il existe de nombreuses utilisations plus instantanées, comme la possibilité de construire des lentilles qui évitent la limite de diffraction conventionnelle de la lumière. S'ils sont menés à bien, ces travaux pourraient être importants pour l'avenir de la lithographie.

Les travaux de recherche à petite échelle et la théorie soigneusement associée à l'expérimentation sont caractéristiques de ce domaine. Les professeurs principaux et secondaires de différentes universités et institutions de recherche ont contribué au développement de la prochaine génération de sources optiques à photons uniques, de métamatériaux, de nombreux dispositifs progressifs et de technologies de contrôle de la lumière. Ils fabriquent des nanofils supraconducteurs, des thermoélectriques, des matériaux caloritriques de spin et des photovoltaïques, ainsi que de nouveaux matériaux dotés de propriétés de spin quantique captivantes comme la supraconductivité. Les propriétés théoriques des assemblages dynamiques basés sur le bruit, des fils et des points quantiques sont également examinées. Ces travaux ont des liens étroits avec les départements de science des matériaux et de génie électrique et informatique de la Pratt School of Engineering.

La mécanique quantique apporte effectivement une révolution dans nos habitudes quotidiennes. Malgré cela, les physiciens perçoivent la mécanique quantique dans tout ce qui va de la dureté des diamants aux couleurs de l'arc-en-ciel. Ils ignorent généralement le rôle essentiel que joue la mécanique quantique dans la technologie moderne, depuis les lasers qui comprennent et analysent la musique des disques compacts jusqu'aux systèmes de positionnement global qui guident les avions dans nos cieux bondés.

Nous sommes maintenant dans les premières étapes d'une deuxième révolution quantique, dans laquelle nous pouvons comprendre et manipuler de petites bandes d'atomes, voire des atomes discrets. La physique atomique et la physique de la matière condensée sont portées ensemble par cette deuxième révolution. Une tendance traditionnelle de la physique de la matière condensée a encouragé les physiciens atomiques à rechercher et à contrôler les nouvelles appartenances quantiques dans les grands groupes d'atomes. Parallèlement, les physiciens de la matière condensée étudient comment réduire les matériaux qu'ils étudient à des tailles où les excitations quantiques distinctes jouent un rôle dominant.

Leur terrain de rencontre commun, qui se situe à la croisée des mondes quantique microscopique et classique macroscopique, déborde de nouvelle physique et de technologies modernes.

La formation de nombreuses nouvelles méthodes expérimentales a permis aux chercheurs de percevoir des atomes discrets et de comprendre comment ils s'accumulent pour dessiner des structures plus grandes. Des atomes uniques peuvent se trouver sur des surfaces, et leurs qualités physiques peuvent être calculées à l'aide de microscopes atomiques à balayage. La ténacité d'un seul atome dans les matériaux en vrac a été atteinte grâce aux progrès de la microscopie électronique, et la sagesse et la cohérence des sources de rayons X et de neutrons utilisées pour examiner les structures des solides et des énormes biomolécules se sont considérablement améliorées.

La découverte d'outils permettant de manipuler les emplacements et les vitesses des atomes d'une manière impossible avec les vaisseaux matériels a permis une nouvelle aptitude à contrôler les atomes chargés et neutres. Ils ont accompagné une nouvelle ère de puissance d'état quantique prolongée dans l'espace, qui saisit le potentiel des horloges ultra-précises et augmente la probabilité de nouveaux types de codage et de calcul basés sur les propriétés excentriques de l'information quantique. Ces outils, ainsi que les données qu'ils fournissent, nous ont aidés à nous rapprocher de l'objectif final des structures de conception, qui sont des substances dotées de propriétés mécaniques, magnétiques, optiques, électriques, thermiques et chimiques à multiples facettes.

Il est remarquable de constater le chemin parcouru par la science au cours des années qui ont suivi la détection de l'électron. Les électrons à l'intérieur de minuscules transistors disent maintenant aux banques combien de nos salaires doivent être déposés sur nos comptes chaque mois, et ceux qui arrivent par des fils dans nos maisons nous transmettent des images et des informations du monde entier presque instantanément. L'aptitude à contrôler des atomes séparés permettrait de subventionner une nouvelle génération de dispositifs électroniques qui pourraient être tout aussi révolutionnaires dans les années à venir.

5.3 Ordinateurs quantiques Les ordinateurs quantiques sont des gadgets de calcul et de stockage de données qui utilisent les propriétés de la physique quantique. Cela peut s'avérer extrêmement utile pour certaines tâches, où ils peuvent surpasser même nos superordinateurs les plus puissants.

Les appareils traditionnels, tels que les smartphones et les ordinateurs portables, stockent les données en bits binaires qui peuvent être des 0 ou des 1. En revanche, un bit quantique, ou qubit, est le dispositif de mémoire central d'un ordinateur quantique.

Des systèmes physiques, comme le spin d'un électron ou le parcours d'un photon, sont utilisés pour construire des qubits. La superposition quantique permet à ces substances de se trouver dans de nombreuses configurations au même moment. L'intrication quantique permet aux qubits d'être indissolublement liés. Un groupe de qubits peut caractériser de nombreux éléments simultanément.

Une machine traditionnelle, par exemple, peut caractériser tout nombre compris entre 0 et 255 avec seulement huit bits. Néanmoins, un ordinateur quantique de huit qubits signifiera instantanément tous les nombres compris entre 0 et 255. Il y a plus de nombres qui peuvent être articulés par quelques centaines de qubits enchevêtrés qu'il n'y a d'atomes dans l'univers.

C'est là que les ordinateurs quantiques dépassent les ordinateurs classiques. Les ordinateurs quantiques peuvent envisager simultanément un très grand nombre de groupements concevables. La recherche des facteurs premiers d'un grand nombre ou du meilleur chemin entre deux points en sont quelques exemples.

Il peut y avoir une diversité de conditions dans lesquelles les ordinateurs classiques surpassent les ordinateurs quantiques. Par conséquent, les ordinateurs du futur pourraient être un mélange des deux styles.

La chaleur, les collisions et les champs électromagnétiques, au sein des molécules d'air, deviendront une raison pour un qubit de perdre ses propriétés quantiques, de sorte que les ordinateurs quantiques sont très délicats. Le dispositif se bloque à cause de ce processus, connu sous le nom de décohérence quantique, qui se produit plus rapidement lorsque le nombre de particules impliquées augmente.

Les Qubits des ordinateurs quantiques doivent être protégés des interférences extérieures en étant physiquement déconnectés ou annihilés par des rafales d'énergie soigneusement contrôlées. Pour corriger les erreurs qui se glissent dans le système, il faut davantage de qubits.

Un tel ordinateur utilise certaines des lunettes presque mystiques de la mécanique quantique pour produire d'énormes augmentations de la vitesse de calcul. Les ordinateurs quantiques peuvent surpasser même les superordinateurs les plus puissants d'aujourd'hui et de demain.

Les machines conventionnelles ne seraient pas totalement anéanties. Pour la plupart des difficultés, l'utilisation d'un ordinateur conventionnel serait toujours la meilleure approche et la plus rentable. Les ordinateurs quantiques, quant à eux, ont le potentiel d'accélérer le développement dans divers domaines, de la science des matériaux à la recherche médicale. Les entreprises les utilisent actuellement pour créer des batteries plus légères et plus puissantes pour les véhicules électriques et pour soutenir le développement de médicaments innovants.

Les bits sont un flux d'impulsions électriques ou optiques qui reflètent des 1 ou des 0 dans les ordinateurs d'aujourd'hui. Vos courriels, vos tweets, vos fichiers musicaux et vos vidéos sont tous constitués de longs fils de ces chiffres binaires.

Les Qubits sont des particules subatomiques comme les électrons ou les photons utilisés dans les ordinateurs quantiques. La génération et l'administration des qubits est un travail scientifique et d'ingénierie à multiples facettes. Des circuits supraconducteurs refroidis à des températures plus basses que celles de l'espace lointain sont utilisés par de nombreuses entreprises, dont Google et IBM. D'autres, comme IonQ, utilisent des chambres à vide extrêmement poussé pour séparer les atomes de con dans des champs électromagnétiques sur une puce de silicium. L'objectif est d'isoler les qubits dans un état quantique mesuré dans les deux cas.

En raison des propriétés quantiques inhabituelles des qubits, un groupe connecté d'entre eux peut offrir un pouvoir de dispensation bien plus important qu'un nombre similaire de bits binaires. L'une de ces qualités est la superposition, et l'autre l'intrication.

L'intrication et la superposition sont des mécanismes

physiques captivants, mais les mettre en œuvre pour produire, calculer et manipuler des qubits est un travail scientifique et technique problématique.

Un autre problème est qu'ils doivent être exécutés de nombreuses fois en raison du taux d'erreur plus élevé des applications actuelles des qubits. L'intrication est difficile à réaliser en termes d'applications matérielles. Étant donné que seule une partie des qubits est entrelacée dans plusieurs conceptions, l'opérateur de l'ordinateur doit être suffisamment astucieux pour intervertir les bits, ce qui est essentiel pour simuler un dispositif où les bits sont enchevêtrés les uns avec les autres.

Une fois que nous aurons résolu les problèmes de génération et de construction d'un ordinateur quantique, il nous restera un monde de possibilités. Daimler et Volkswagen, deux des principaux constructeurs automobiles mondiaux, exploitent des ordinateurs quantiques pour analyser la composition chimique des batteries des véhicules afin de découvrir de nouvelles idées pour améliorer leurs performances.

JP Morgan étudie l'utilisation de l'informatique quantique dans la sélection des prix dans le secteur des investissements. Selon la banque, l'informatique quantique peut réduire les coûts et accélérer le nombre d'imitations souhaitables pour calculer le prix exact d'une option. Les entreprises de l'industrie médicinale s'en servent pour tester et comparer des matériaux qui pourraient subventionner l'expansion de nouveaux médicaments. La pandémie de COVID-19 a activé une grande recrudescence dans ce domaine.

Le secteur de la logistique profitera du recuit quantique, un type d'informatique quantique permettant d'établir des itinéraires optimaux pour l'administration du trafic, les opérations rapides, le contrôle du trafic aérien et la distribution des marchandises. L'informatique quantique peut également améliorer la précision des prévisions météorologiques. Les ordinateurs quantiques pourraient aider à générer des modèles climatiques améliorés, ce qui nous donnerait une meilleure vision de la façon dont les humains perturbent l'environnement. Ces processus peuvent également déterminer le type de mesures de précaution à prendre pour éviter les tragédies.

Les ordinateurs quantiques et classiques cherchent tous deux à résoudre des problèmes, mais leurs méthodes de traitement des données sont différentes. Ce segment explique ce qui rend les ordinateurs quantiques spéciaux en présentant deux perceptions de la mécanique quantique importantes pour leur fonctionnement. Il s'agit de la superposition et de l'intrication.

La superposition est la propension incohérente d'un mécanisme quantique, tel qu'un électron, à se trouver dans plusieurs états au même moment. Un état pour un électron pourrait être le niveau d'énergie le plus bas dans un atome, tandis qu'un autre pourrait être le niveau le plus excitant. Si un électron est équipé dans une superposition de ces deux états, il a la possibilité d'être à la fois dans l'état inférieur et dans l'état supérieur.

Comprendre le principe de superposition permet de comprendre le qubit, qui est l'unité de compréhension essentielle en informatique quantique. Dans l'informatique traditionnelle, les bits sont les transistors que l'on peut allumer ou éteindre en appelant les états 0 et 1. Dans les qubits comme les électrons, 0 et 1 ne sont que des états qui font référence aux niveaux d'énergie inférieur et supérieur désignés dans les segments précédents. Les qubits diffèrent des bits traditionnels en ce qu'ils peuvent se superposer avec des probabilités fluctuantes que des opérations quantiques puissent s'opérer pendant les calculs.

L'intrication se produit lorsque des objets quantiques sont façonnés ou exploités de telle sorte qu'aucun ne peut être caractérisé sans révéler les autres. Les individualités des personnes sont gommées. Lorsque l'on considère comment l'intrication peut persévérer sur de longues distances, cette idée est extrêmement difficile à saisir. Un calcul sur l'un des associés d'une paire intriquée décide rapidement des calculs sur l'autre, donnant l'impression que les données peuvent voler plus vite que la lumière.

La perspective de fabriquer un ordinateur quantique capable d'exécuter l'algorithme de Shor pour des nombres multiples a été l'un des principaux moteurs du développement de l'informatique quantique. Néanmoins, afin d'acquérir une compréhension plus systématique des ordinateurs quantiques, il est important de se rappeler qu'ils offriront très probablement d'énormes accélérations pour un seul type rare de complication. Les chercheurs s'efforcent de déterminer les problèmes qui se prêtent aux accélérations quantiques et de concevoir des algorithmes pour les valider. On peut prévoir que les ordinateurs quantiques aideront les problèmes d'optimisation, qui sont périlleux dans presque tous les domaines, du commerce financier à la sécurité.

Il existe une multitude d'autres applications pour les systèmes de qubits qui ne sont pas associées au calcul ou à la simulation, et elles sont toujours à l'étude, mais elles sont hors de portée de cette impression. Deux des domaines les plus prometteurs sont la météorologie et la détection quantique, qui tirent parti de la sensibilité exaltante des qubits à l'atmosphère pour réaliser des détections au-delà de la limite de bruit classique, ainsi que les réseaux et infrastructures quantiques, qui pourraient déboucher sur de nouvelles méthodes révolutionnaires pour transmettre et recevoir des connaissances.

Un ordinateur quantique a maintenant été lancé en principe pour exécuter toutes les tâches qu'un ordinateur classique aurait du mal à accomplir. Cela ne veut pas dire qu'un ordinateur quantique peut continuellement surpasser un ordinateur classique dans toutes les tâches.

Lorsque nous utilisons des algorithmes classiques sur un ordinateur quantique, celui-ci achève essentiellement le schéma comme le fait un ordinateur classique. Pour qu'un ordinateur quantique valide sa suprématie, il doit acquérir des procédures quantiques modernes qui tirent parti de la correspondance quantique. De tels algorithmes sont difficiles à développer car ils nécessitent des efforts, du temps et de l'argent en recherche et développement pour découvrir quels logarithmes fonctionnent.

- Calculs rapides Ces machines sont capables d'effectuer des calculs à un rythme beaucoup plus rapide que les anciens ordinateurs. Les ordinateurs quantiques sont également plus compétents que les superordinateurs en termes de rythme de calcul. Ils sont 1000 fois plus rapides que les ordinateurs ordinaires pour traiter les données.

- De meilleures options de simulation Ces ordinateurs modernes sont parfaits pour traiter les simulations de données. De nombreuses procédures simulent divers éléments tels que des simulations chimiques, des prévisions météorologiques, etc.

- Applications dans le secteur médical Dans le secteur

médical, ces ordinateurs sont plus influents. Ils ont l'aptitude d'analyser les maladies et de verbaliser les formules de médicaments. Ces machines peuvent identifier et analyser plusieurs affections dans les laboratoires scientifiques. Le problème le plus difficile de l'informatique quantique est la conception et le développement de médicaments. De manière générale, les médicaments sont formulés par le biais d'un processus d'essais et d'erreurs, qui est coûteux, peu sûr et problématique à réaliser. Les chercheurs estiment que l'informatique quantique peut être une méthode appréciée pour comprendre les médicaments et leurs implications sur l'homme, ce qui permettrait aux fabricants de médicaments d'économiser beaucoup d'argent et de temps. Ces avancées progressives en matière d'informatique augmenteront l'efficacité en incitant les entreprises à mener d'autres recherches sur les médicaments et à déterminer de nouveaux traitements médicaux, ce qui se traduira par une industrie pharmaceutique mieux organisée.

- Applications de recherche Google affinées Google utilise des ordinateurs quantiques pour optimiser ses résultats d'exploration. Grâce à ces machines, vous pouvez désormais accélérer chaque recherche Google. Ces ordinateurs peuvent habiter les données les plus importantes.

- Niveaux élevés de confidentialité Ces machines possèdent de solides compétences en matière de cryptage et sont habiles en cryptoanalyse. Les codes de sécurité des ordinateurs quantiques ne peuvent pas être rompus. La Chine a récemment révélé un satellite qui utilise l'informatique quantique, affirmant que le satellite ne peut pas être taillé.

- Industrie des radars Les radars sont également établis à l'aide de l'informatique quantique. Cette expertise permettra d'augmenter la précision des armes radar. Une telle application est bénéfique pour la sécurité d'un pays. Tout avion ou navire entrant dans le territoire illégal peut être détecté immédiatement, et des mesures rapides peuvent être prises pour protéger la souveraineté et l'intégrité d'un pays.

- Apprentissage automatique et intelligence artificielle Les nouvelles technologies ayant pénétré dans presque tous les domaines de la vie humaine, l'intelligence artificielle et l'apprentissage automatique sont deux des domaines les plus convaincants à l'heure actuelle. L'image, la parole et la reconnaissance écrite ne sont que quelques-unes des applications répandues que nous voyons quotidiennement. À mesure que le nombre d'applications augmente, les ordinateurs conventionnels ont du mal à concilier précision et rapidité.

C'est là que l'informatique quantique peut aider à résoudre des problèmes multiformes en une fraction de la durée alors qu'il faudrait des milliers d'années aux ordinateurs conventionnels pour les résoudre. L'intelligence artificielle s'adapte bien à ces ordinateurs modernes. Ils peuvent présenter des verdicts plus précis que les ordinateurs ordinaires. Ces ordinateurs permettraient aux chercheurs de mener des recherches plus opérationnelles.

Le monde évoluant vers des versions améliorées de chaque appareil dans presque tous les secteurs, la physique quantique a été à l'origine de la plupart de ces améliorations. L'avenir est à l'informatique quantique, et ses implications sont déjà visibles dans divers mécanismes autour de nous.

## Conclusion

Le livre commence par l'origine de la physique quantique en éclairant chaque détail mineur et majeur de l'histoire et du contexte. Il était important de commencer par la partie historique afin de permettre aux étudiants de connaître les bases du sujet. Les sections suivantes du livre sont consacrées aux concepts, théories et principes fondamentaux de la physique quantique et aux efforts de certains des plus grands physiciens comme Heisenberg, Neil Bohr et Schrodinger. Le livre se termine par un large éventail d'applications et de réalisations importantes de la physique quantique dans notre vie quotidienne et explique aux étudiants comment le sujet a relevé les défis de la physique classique et a finalement révolutionné nos vies. Au cours de la rédaction du livre, il a été tenu compte du fait qu'il est destiné à de jeunes apprenants dont la compréhension se situe au niveau du débutant. C'est pourquoi le langage et l'explication des concepts ont été maintenus à un niveau plus facile. Toutes les idées et tous les principes clés sont expliqués à l'aide d'exemples tirés de la vie quotidienne, de sorte que les jeunes étudiants n'ont aucune difficulté à acquérir une connaissance et une compréhension complètes de la mécanique quantique.